Strahlenschutz an Beschleunigern

Von
Priv.-Doz. Dr.rer.nat. Klaus Ewen, Düsseldorf

unter Mitwirkung von

Dr.rer.nat. Paul Günther Fischer, Düsseldorf
Dr.rer.nat. Ingrid Lauber-Altmann, Düsseldorf
Dipl.-Phys. Hermann Josef Probst, Jülich
Dipl.-Ing. Karin Schienbein, Düsseldorf

Mit 42 Figuren und 17 Tabellen

B. G. Teubner Stuttgart 1985

Priv.-Doz. Dr.rer.nat. Klaus Ewen

Studium der Physik und Promotion an der Universität Köln. Seit 1970 bei der Zentralstelle für Sicherheitstechnik, Strahlenschutz und Kerntechnik der Gewerbeaufsicht des Landes Nordrhein-Westfalen (ZfS). 1981 Habilitation an der RWTH Aachen auf dem Gebiet der Med. Physik.

Dr.rer.nat. Paul Günther Fischer

Studium der Physik und Promotion an der RWTH Aachen. Seit 1975 bei der ZfS.

Dr.rer.nat. Ingrid Lauber-Altmann

Studium der Physik und Promotion an der Universität Düsseldorf. Seit 1982 im Institut für Medizinische Strahlenkunde der Universität Düsseldorf.

Dipl.-Phys. Hermann Josef Probst

Studium der Physik an der Universität Mainz. Seit 1968 Leiter der Strahlenschutzgruppe im Institut für Kernphysik der Kernforschungsanlage Jülich.

Dipl.-Ing. Karin Schienbein

Studium an der Fachhochschule Jülich. Seit 1977 bei der ZfS.

CIP-Kurztitelaufnahme der Deutschen Bibliothek

Ewen, Klaus:
Strahlenschutz an Beschleunigern / von Klaus Ewen.
Unter Mitw. von Paul Günther Fischer . . . – Stuttgart :
Teubner, 1985.

ISBN 978-3-519-03080-5   ISBN 978-3-322-92733-0 (eBook)
DOI 10.1007/978-3-322-92733-0

Gesamtherstellung: Präzis-Druck GmbH, Karlsruhe
Umschlaggestaltung: M. Koch, Reutlingen

<u>Vorwort</u>

Wird man mit Fragen des Strahlenschutzes an Beschleunigeranlagen konfrontiert,
so wird man schnell erfahren, daß für diesen Bereich - im Unterschied zu ana-
logen Fragestellungen beim Betrieb von Röntgeneinrichtungen und beim Umgang
mit radioaktiven Stoffen - nur ein geringes grundlegendes Literaturangebot
zur Verfügung steht. Sieht man sich genötigt, auf technische Regeln (z.B. DIN-
Normen) zurückzugreifen, die den jeweiligen Stand von Wissenschaft und Technik
repräsentieren, so stellt man fest, daß entsprechende Vorschriften nur für medizinische Elektronenbeschleuniger existieren. Das vorliegende Buch soll hel-
fen, diese Lücke zu schließen, und es wurde bewußt praxisorientiert gehalten.
Einige Autoren sind seit Jahren mit der sicherheitstechnischen Überprüfung von
Beschleunigeranlagen im Land Nordrhein-Westfalen beschäftigt, andere direkt als
Strahlenschutzbeauftragte in größeren medizinischen und nichtmedizinischen Be-
schleunigerzentren tätig. Zur Betonung der Praxisnähe wurde versucht, physikalische Details - so z.B. bei der Einführung in die einzelnen Beschleuniger-
techniken oder bei der Besprechung des baulichen Strahlenschutzes - weitgehend
zu vermeiden, da diesbezügliche Literatur in ausreichender Zahl zur Verfügung
steht. Bei den Ausführungen über den baulichen Strahlenschutz und über Aktivierungsprozesse konnte naturgemäß auf einige mathematisch orientierte Ab-
schnitte nicht ganz verzichtet werden; diese werden aber am Ende des Buches in
einem eigenen Kapitel durch zahlreiche praktische Anwendungsbeispiele ausführlich erläutert und veranschaulicht. Da sich zum Zeitpunkt der Buchgestaltung
die Strahlenschutzverordnung in einer Novellierungsphase befand, ergaben sich
bei der Besprechung der rechtlichen Grundlagen gewisse Schwierigkeiten. Die
Darstellung entsprechender Zusammenhänge orientiert sich an dem Entwurf der
novellierten Fassung. Dieser lag wohl in seiner endgültigen Formulierung schon
vor, so daß hier sicherlich der neueste Stand des Strahlenschutzrechtes repräsentiert wird. Insgesamt soll dieses Buch Anleitungen und Vorschläge zur Ge-
staltung des Strahlenschutzes beim Betrieb von Beschleunigeranlagen vermitteln.
Dabei geht es weniger um Großprojekte wie CERN und DESY als vielmehr um die
zahlreichen Anlagen, die in Technik und Medizin sowie zu wissenschaftlichen
Zwecken an Universitäten und Hochschulen betrieben werden. Die Autoren glau-
ben, das Ziel des Buches erreicht zu haben, wenn sie dem interessierten Leser
verschiedene Aspekte des Strahlenschutzes an Beschleunigeranlagen nahebringen
und ihm bei der Lösung von praktischen Strahlenschutzproblemen behilflich sein
konnten.

Düsseldorf, September 1985   Klaus Ewen

<u>Inhaltsverzeichnis</u>

			Seite
1.		Einleitung	5
2.		Beschleunigertechniken	11
	2.1	Einleitung	11
	2.2	Quellen	12
	2.2.1	Elektronenquellen	12
	2.2.2	Ionenquellen	13
	2.3	Geradeausbeschleuniger	15
	2.3.1	Gleichspannungsgenerator-Beschleuniger	15
	2.3.1.1	Van-de-Graaff-Beschleuniger	17
	2.3.1.2	Kaskaden- und Transformatorbeschleuniger	19
	2.3.1.3	Dynamitron-Beschleuniger	21
	2.3.1.4	Tandembeschleuniger	23
	2.3.1.5	Neutronengenerator	24
	2.3.2	Wechselspannungsgenerator-Beschleuniger	26
	2.4	Kreisbeschleuniger	31
	2.4.1	Zyklotron	31
	2.4.2	Synchrotron	34
	2.4.3	Mikrotron	37
3.		Rechtliche Grundlagen	39
	3.1	Einführung	39
	3.2	Die wichtigsten Bestimmungen der StrlSchV für den Betrieb von Beschleunigern	41
	3.2.1	Genehmigungsverfahren	42
	3.2.2	Sachverständigenprüfungen	47
	3.3	Periphere Rechtsvorschriften	48
	3.3.1	Eichgesetzgebung	48
	3.3.2	Gesetzgebung zu den Einheiten im Meßwesen	51
4.		Baulicher Strahlenschutz	53
	4.1	Einleitung	53
	4.2	Allgemeine Abschirmungsüberlegungen	54
	4.3	Betriebsdaten	55
	4.3.1	Betriebsbelastung W	55
	4.3.2	Richtungsfaktor U	56
	4.3.3	Aufenthaltsfaktor T	57
	4.4	Physikalische Grundlagen	58
	4.4.1	Schwächungsgesetz	58

Seite

4.4.2	Reduktionsfaktor K_i	60
4.5	Ermittlung von Abschirmdicken	61
4.5.1	Photonenstrahlung	61
4.5.2	Neutronen	63
4.5.3	Zusammenwirken verschiedener Strahlenquellen	65
4.6	Bauliche Strahlenschutzvorkehrungen gegen radio- aktive Stoffe, die durch Kernphotoprozesse ent- stehen	67
4.7	Skyshine (Luftstreuung)	67
4.8	Labyrinthe, Durchführungen, Tore	68
4.8.1	Labyrinth (Eingangsschleuse)	68
4.8.2	Durchführungen	72
4.8.3	Tore	74
4.9	Abschirmmaterialien	74
5.	Aktivierung, Erzeugung radioaktiver Stoffe	77
5.1	Einführung	77
5.2	Aktivierungsgleichung	78
5.3	Radionuklidproduktion	87
5.4	Aktivierung der Struktur- und Abschirmmaterialien, Bodenaktivierung	88
5.5	Luftaktivierung	92
5.6	Wasseraktivierung	97
6.	Strahlenschutzeinrichtungen	98
6.1	Nichtmedizinische Beschleuniger	98
6.1.1	Einführung	98
6.1.2	Kennzeichnungen	100
6.1.3	Zugangsverriegelungen	100
6.1.4	Anzeigen	102
6.1.5	Notaus-Schalter	102
6.1.6	Strahlrohrverschlüsse	103
6.1.7	Meßgeräte, Monitore	104
6.1.8	Überwachung der Raum- und Abluft	106
6.1.9	Bedienungseinrichtungen	108
6.2	Medizinische Beschleuniger	109
6.2.1	Einführung	109
6.2.2	Beschleunigertypen	110
6.2.2.1	Elektronenbeschleuniger	110

		Seite
6.2.2.2	Neutronentherapieanlagen	112
6.2.3	Bestrahlungsplanung	113
6.2.3.1	Lokalisation	113
6.2.3.2	Dosimetrie	116
6.2.3.3	Bestrahlungsplan und Simulator	119
6.2.3.4	Durchführung der Bestrahlung und Dokumentation	121
7.	Anwendungsbeispiele	124
7.1	Medizinische Elektronenbeschleuniger	124
7.1.1	Baulicher Strahlenschutz	124
7.1.2	Personensicherheitssystem	127
7.2	Zyklotron	129
7.2.1	Baulicher Strahlenschutz	129
7.2.2.1	Personensicherheitssystem (Kompaktzyklotron der KFA Jülich)	130
7.2.2.2	Personensicherheitssystem (med. Zyklotron des Universitätsklinikums Essen)	132
7.2.2.3	Personensicherheitssystem (Isochronzyklotron der KFA Jülich)	133
7.3	Neutronengenerator	138
7.4	Nichtmedizinische Elektronenbeschleuniger	140
7.4.1	Baulicher Strahlenschutz	140
7.4.2	Personensicherheitssystem	142
7.5	Aktivierungen	142
7.5.1	Berechnung der Schwellenenergie und der Coulomb-Barriere	142
7.5.2	Luftaktivierung an einem Ionenbeschleuniger für eine Deuteronenenergie von 60 MeV	143
7.5.3	Luftaktivierung an einem 60 MeV-Elektronen-beschleuniger	145
8.	Literatur	147
	Sachverzeichnis	155

1. Einleitung

K. Ewen

Beschleuniger werden heutzutage in großer Zahl und steigendem Maße im wissenschaftlichen, technischen und medizinischen Bereich eingesetzt. Ihre physikalisch-technischen Parameter sind dementsprechend vielschichtig und variieren über ein weites Spektrum, was zum Beispiel die zu beschleunigende Teilchenart, den Strahlstrom, die Endenergie und die am Target entstehenden Strahlen- bzw. Teilchensorten betrifft. In gleichem Maße komplex muß der Strahlenschutz bezeichnet werden, und zwar sowohl auf dem baulichen und apparativen als auch auf dem organisatorischen und administrativen Gebiet.
Alle Varianten des Strahlenschutzes können betroffen sein:

1. Quellen nichtionisierender und direkt bzw. indirekt ionisierender Strahlung sind möglich, denkt man an Mikrowellenerzeuger, wie Klystrons und Magnetrons zum Beispiel in Linearbeschleunigern, an laseroptische Einstellhilfen in der Strahlentherapie und an die Vielfalt der entstehenden geladenen Teilchen, Photonen und Neutronen, deren strahlenbiologische Wirksamkeit in unterschiedlicher Weise beurteilt und deren Abschirmung oft in ganz spezifischer Weise dimensioniert werden muß.

2. Das Abschalten eines Beschleunigers bedeutet oft nicht, daß sich damit auch die Strahlenschutzprobleme erledigt hätten. Je nach Endenergie und Art der beschleunigten bzw. erzeugten Teilchen können durch Kernreaktionen mit den Materialien der Anlage selbst und der Abschirmung, ferner der Kühl- und Pumpenflüssigkeiten, sogar mit den Bestandteilen der Luft radioaktive Stoffe in fester, flüssiger und gasförmiger Form entstehen. Die Halbwertszeiten dieser Radionuklide liegen glücklicherweise oft im Sekunden- und Minutenbereich, jedoch muß man auch mit Halbwertszeiten von vielen Wochen und Jahren rechnen. Durchaus relevante Strahlenexpositionen von Personen durch Kontamination, Inkorporation und Inhalation können die Folge dieser Aktivierungsprozesse sein.

Ein kritischer Punkt in diesem Zusammenhang ist das Target, und zwar vor allem dann, wenn es in flüssiger oder gasförmiger Form vorliegt. Die Nuklearmedizin interessiert sich für besonders kurzlebige Radionuklide, die praktisch nur "vor Ort" hergestellt werden können. Einrichtung der Wahl ist dafür zur Zeit das Zyklotron. Besonders schwierig gestaltet sich der Umgang mit den Tritiumtargets eines Neutronengenerators, und zwar sowohl während des Betriebs als auch im Rahmen der Entsorgung.

3. Größere Beschleunigerbetriebe sind mit einem relativ hohen Aufwand in bezug auf den organisatorisch-administrativen Strahlenschutz verbunden. Das wird oft vor allem an Universitäten durch das stark fluktuierende und daher strahlenschutzmäßig schwierig zu überwachende Personal zusätzlich erschwert. Viele dieser Probleme versucht man über die Installation von automatischen oder halbautomatischen Interlock- und Personensicherheitssystemen zu lösen, so daß dann das Aufrechterhalten bestimmter Sicherheitszustände mit einem minimalen Personalaufwand seitens der Strahlenschutzbeauftragten gelingen kann.
Hohen Ansprüchen muß der organisatorisch-administrative Strahlenschutz in der Strahlentherapie genügen, deren modernste Form durch den Elektronenlinearbeschleuniger repräsentiert wird. Das Ablaufschema von der Diagnose bis zur Durchführung und Dokumentation der Bestrahlung kann nicht nur von Medizinern erfüllt werden sondern erfordert an einigen Stellen ganz massiv auch die Beteiligung von Physikern und anderem technischen Personal.

4. Strahlenschutz an Beschleunigern erfordert auch das Messen von Ortsdosen, die Feststellung von Körperdosen, die Bestimmung von Aktivitäten in festen, flüssigen und gasförmigen Materialien und - speziell in der Strahlentherapie - die Aufnahme von Tiefendosisverteilungen in gewebeäquivalenten Phantomen. Damit ist im wesentlichen die sog. Peripherie angesprochen, die tragbare und ortsfeste Meßgeräte, Monitore sowie alle diejenigen Einrichtungen umfaßt, die für die Strahlentherapie erforderlich sind. Zum Teil sind festinstallierte Meßgeräte in Interlock- und Personensicherheitssysteme integriert und bilden ein wichtiges Kriterium für deren Wirksamkeit.

Strahlenschutzrechtlich gehören Beschleuniger zu den sog. Einrichtungen zur
Erzeugung ionisierender Strahlen und ihr Betrieb - zum Teil auch schon ihre
Errichtung - unterliegen in dieser Hinsicht der Strahlenschutzverordnung
(StrlSchV). Diese verpflichtet die Behörde zu Aufsichts- und Genehmigungsprak-
tiken, die im Einzelfall mit einer umfangreichen Gutachtertätigkeit verbunden
sein können. Speziell im Land Nordrhein-Westfalen - in anderen Bundesländern
ist das ähnlich organisiert - sind für die Genehmigungsverfahren die Regie-
rungspräsidenten und für die Aufsichtstätigkeit die Staatl. Gewerbeaufsichts-
ämter zuständig. Man kann von den Mitarbeitern dieser Behörden keine fundier-
ten Kenntnisse über die komplizierte Materie des Strahlenschutzes bei der Errichtung und beim Betrieb von Beschleunigern verlangen. Aus diesem Grund existieren zum Teil den Behörden angeschlossene Sachverständigeninstitutionen
(zum Beispiel im Land Nordrhein-Westfalen die Zentralstelle für Sicherheitstechnik), die eine Begutachtung des Strahlenschutzes unter anderem auch von
Beschleunigern übernehmen können.
Die nachfolgenden Kapitel beschäftigen sich zum Teil mit Strahlenschutzfrage-
stellungen, die im Zusammenhang mit der Errichtung und dem Betrieb von Beschleunigeranlagen im Land Nordrhein-Westfalen aktuell geworden sind. Wenn
man die Zusammenstellung aller in diesem Bundesland betriebenen Beschleunigeranlagen durchsieht (Tab. 1.1), so läßt sich unschwer daraus ablesen, daß die
hier angesprochenen Themen und die entsprechenden Anwendungsbeispiele durchaus einen repräsentativen Charakter in bezug auf den praktischen Strahlenschutz an Beschleunigern beanspruchen können.

Die Autoren dieses Buches wollen weniger ein theoretisches Wissen über Beschleuniger und die sich bei ihrem Betrieb oder bei ihrer Errichtung ergebenden Strahlenschutzprobleme vermitteln, sondern aufgrund ihrer beruflichen Erfahrung mehr die praxisorientierten Aspekte betonen.
So werden in Kap. 2 zwar die Grundlagen der einzelnen Beschleunigerprinzipien
behandelt, aber nur soweit, daß die nachfolgenden Abhandlungen verständlich
werden. Was die physikalischen und technischen Details betrifft, so muß auf
die Spezialliteratur (s. Kap. 8) verwiesen werden.

Beschleunigertyp	Anwendungsbereich	Zahl im Land NW
Elektronenlinearbeschleuniger	Medizin	16
Betatron	Medizin	2
Zyklotron	Medizin	1
Neutronengenerator	Medizin	1
Elektronenlinearbeschleuniger	Industrie	3
Dynamitronbeschleuniger	Industrie	2
Van-de-Graaff-Beschleuniger	Industrie	1
ICT-Beschleuniger	Industrie	3
Neutronengenerator	Wissenschaft	4
Elektronenlinearbeschleuniger	Wissenschaft	1
Kaskadenbeschleuniger	Wissenschaft	3
Van-de-Graaff-Beschleuniger	Wissenschaft	3
Tandembeschleuniger	Wissenschaft	2
Betatron	Wissenschaft	1
Zyklotron	Wissenschaft	3
Synchrotron	Wissenschaft	2
Plasmaanlage	Wissenschaft	2
	Gesamtzahl	50

Tab. 1.1: Zahl und Art der im Land Nordrhein-Westfalen betriebenen Beschleuniger (Stand: Juni 1985)

Verhältnismäßig intensiv wird auf die strahlenschutzrechtliche Situation eingegangen (Kap. 3). Bezieht man in diese nicht nur die Strahlenschutzverordnung und Röntgenverordnung ein, sondern auch ihre novellierte Fassung sowie noch alle peripheren Gesetze, Verordnungen, Richtlinien, DIN-Normen, Erlasse, die den Strahlenschutz an Beschleunigern in irgendeiner Weise betreffen, dann können auch Fachleute auf dem Gebiet der Beschleunigeranwendung und -technik die Übersicht hin und wieder verlieren.

Bauliche Maßnahmen gewähren in der Regel den Schutz vor direkter Strahlung,
wobei in den meisten Fällen Photonen und Neutronen zur Diskussion stehen. An
Hochenergiebeschleunigern müssen unter Umständen noch andere Strahlenarten,
z.B. Mesonen, beachtet werden. In Kap. 4 sind Anleitungen zur Dimensionierung
des baulichen Strahlenschutzes enthalten, auf deren physikalische Grundlagen
in der Spezialliteratur verwiesen werden muß und soll (Kap. 8). Den Praktiker
interessieren außerdem Strahlenschutztore, Labyrintheingänge, die Abschirmwirkung verschiedener Materialien und die Einteilung der einzelnen Räumlich-
keiten in Strahlenschutzbereiche (z.B. Sperrbereich, Kontrollbereich). An einigen Beispielen mit unterschiedlichen Beschleunigertypen und ihren Anwendungen
wird die Konzeption des baulichen Strahlenschutzes explizit dargestellt (vgl.
auch Kap. 7 "Anwendungsbeispiele").

Strahlenexpositionen des Personals durch γ-Strahlung als Folge der Aktivierung
fester Materialien und, im Extremfall, Strahlenexpositionen der Bevölkerung
auf dem Luft- und Wasserpfad infolge von Aktivierungen gasförmiger und flüssiger Materialien durch die verschiedenen von Beschleunigern erzeugten Strahlenarten können bei leistungsstarken Anlagen eine große Rolle spielen. In
Kap. 5 werden entsprechende Aktivitätsrechnungen vorgeführt, wobei auch auf
die Erzeugung radioaktiver Isotope in gasförmiger und flüssiger Form eingegangen wird, und zwar unter Beachtung der Randbedingungen wie Raumlüftung (Luftwechselzahl), Kaminhöhe, Lage der Ausblasöffnung zu Aufenthaltsplätzen von
Personen und offene bzw. geschlossene Kühlkreisläufe. Ziel derartiger Rechnungen ist es, die emittierten Aktivitäten mit entsprechenden Grenzwerten in der
StrlSchV zu vergleichen und gegebenenfalls Maßnahmen zur Reduzierung der Ab-
gabe radioaktiver Stoffe über Luft oder Wasser vorzuschlagen.

Die erklärte Aufgabe peripherer Strahlenschutzeinrichtungen ist ein im
wesentlichen automatisch funktionierendes Personensicherheitssystem, das aus
einem Netzwerk von Interlockeinrichtungen und Meßgeräten bestehen kann, wobei
oft redundante Ausführungen angestrebt werden. Kap. 6 gibt nicht nur eine
Übersicht über die Grundelemente dieses Systems,sondern geht auch auf ihre
DIN- und VDE-gerechte Installation ein. In Kap. 7 sind diesbezügliche Anwendungsbeispiele aus einigen im Land Nordrhein-Westfalen betriebenen Beschleunigeranlagen zusammengestellt mit Vorschlägen für die Plazierung von
Türkontakten, Notausschaltern, optischen bzw. akustischen Warneinrichtungen,
Meßgeräten usw..

In der Strahlentherapie kommt es darauf an, einen Tumor dosismäßig möglichst
stark zu belasten bei gleichzeitiger optimaler Schonung des umliegenden gesunden Gewebes, besonders der sog. Risikoorgane. Diese ungemein schwierige
Aufgabe, deren Lösung Voraussetzung für den therapeutischen Erfolg ist, kann
in überzeugender Weise nur durch Einsatz verschiedener Einrichtungen wie z.B.
von Computertomographen, Simulatoren, Bestrahlungsplanungsrechnern, Strahlungsmeßgeräten und gewebeäquivalenten Phantomen angegangen werden. Daneben
ist ein zum Teil in den Beschleuniger integriertes Bestrahlungsüberwachungs-
system erforderlich, mit Hilfe dessen - möglichst automatisch und redundant -
garantiert werden kann, daß der Patient nach einem durch die Bestrahlungsplanung festgelegten Schema bestrahlt wird.

Insgesamt sollten es die nachfolgenden Kapitel gestatten, für Strahlenschutzprobleme bei der Errichtung und dem Betrieb von Beschleunigeranlagen für den
medizinischen, wissenschaftlichen und technischen Bereich praktische Lösungen
zu finden, ohne jedesmal in komplizierter und zeitraubender Weise von physikalischen Grundlagen ausgehen zu müssen. Die Erfahrungen, die man im Land
Nordrhein-Westfalen bei der Beurteilung des Strahlenschutzes an den unter-
schiedlichsten Beschleunigertypen (vgl. Tab. 1.1) gewonnen hat, werden hier
in pragmatischer Weise wiedergegeben, und zwar ohne umfangreichen Einstieg
in physikalische, strahlenbiologische und dosimetrische Grundlagen.

2.   Beschleunigertechniken

K. Ewen

2.1   Einleitung

Strahlenschutzrechtlich definiert gehören Beschleuniger zu den sog. Anlagen
zur Erzeugung ionisierender Strahlen. Das sind nach Anlage I zur Strahlenschutzverordnung (StrlSchV) "Einrichtungen oder Geräte im Sinne des § 11
Abs. 1 Nr. 2 des Atomgesetzes, die geeignet sind, Photonen- oder Teilchenstrahlung gewollt oder ungewollt zu erzeugen."
Die physikalische Definition eines "Teilchenbeschleunigers" klingt recht einfach: Es ist ein Gerät, das dazu dient, "Teilchen" zu beschleunigen. Unter
dem Begriff "Teilchen" sollen hier Elektronen und Ionen verstanden werden.
Dementsprechend ergibt sich eine der vielen Unterteilungsmöglichkeiten der
Beschleunigertypen, hier in Elektronen- und Ionenbeschleuniger.
Geladene Teilchen können durch statische oder veränderliche elektrische Felder
auf mehr oder weniger hohe Energien beschleunigt werden. Als Spannungsquellen
kommen Gleich- oder Wechselspannungsgeneratoren in Frage, so daß sich auch
eine Unterteilung in Gleichspannungsgenerator- und Wechselspannungsgenerator-
Beschleuniger anbietet. Die zu beschleunigenden Teilchen müssen sich auf ihrem
Weg vom Entstehungsort (Elektronenquelle, Ionenquelle) zum Auftreffpunkt, also dort, wo sie die gewünschte Reaktion erzeugen sollen ("Target"), eine bestimmte Wegstrecke durch ein evakuiertes Strahlrohr bewegen. Diese Wegstrecke
kann geradeaus führen oder kreisförmig gekrümmt sein, so daß man aus geome-
trischer Sicht eine Einteilung der Beschleunigertypen in Geradeaus- und Kreisbeschleuniger vornehmen kann.
Schließlich ist noch eine weitere Unterteilung in zwei Gruppen von Bedeutung,
und zwar was die Anwendung der Beschleuniger betrifft. Ganz grob unterscheidet
man zwischen medizinisch und physikalisch-technisch genutzten Beschleunigern,
wobei sich die medizinischen Nutzer fast ausschließlich mit der Therapie von
Tumoren beschäftigen, während die physikalischen Aspekte der Beschleunigeranwendung die Gebiete Atomphysik, Kernphysik und Elementarteilchenphysik umfassen.
Durchläuft ein Teilchen mit der Masse M und der Einheitsladung e_o eine Spannung
U im Vakuum, so beträgt die kinetische Energie $1/2\ M \cdot v^2 = e_oU$ mit v = Teil-
chengeschwindigkeit. In Beschleunigern erreichen die beschleunigten Teilchen,
vor allem Elektronen, ohne Schwierigkeiten nahezu die Lichtgeschwindigkeit c,
so daß für die Masse M der relativistische Ausdruck $M = M_o\ (1-v^2/c^2)^{-1/2}$ zu

setzen ist (M_o = Ruhemasse). In diesem Sinne ist die physikalische Einheit
der kinetischen Energie, das eV (Elektronenvolt),zu verstehen, wobei 1 eV
erreicht wird, wenn ein Teilchen mit der Einheitsladung e_o im Vakuum eine
Spannung von 1 Volt durchlaufen hat.

Eine grobe Einteilung der Beschleunigeranwendung je nach genutztem Energiebereich bietet folgendes Bild:

- keV- bis MeV-Bereich: Technik, Atomphysik,
- MeV-Bereich: Kernphysik, Medizin,
- GeV-Bereich: Elementarteilchenphysik.[x)]

Im Prinzip besteht jeder Beschleuniger aus folgenden Elementen:
Elektronen- oder Ionenquelle, evakuierte Beschleunigungsstrecke mit Hochspan-
nungsgenerator und Auftreffpunkt der beschleunigten Teilchen auf Materie, das
Target. Im Detail repräsentiert ein moderner Beschleuniger eine hochkompli-
zierte Technik, denkt man an die Vakuum- und Kühltechnik, das Strahlführungs-
und -überwachungssystem, die elektrotechnische und elektronische Ausstattung
und das gesamte diagnostische System zur Gewinnung von Daten aus dem Targetbe-
reich.

Das vorliegende Buch soll sich mit Strahlenschutzfragen an Beschleunigern beschäftigen. Dementsprechend stellt dieses Kapitel nur eine Einführung in die
physikalisch-technischen Grundlagen dar, so daß Fragen nach Einzelheiten nur
mit Hinweis auf Spezialliteratur (Kap. 8) weitergegeben werden müssen.

2.2   Quellen

2.2.1   Elektronenquellen

Im Grundsatz stellt ein glühender Metalldraht eine geeignete Elektronenquelle
für einen Beschleuniger dar ("Glühkathode"). Dieses Prinzip ist auch in der
Röntgenröhre realisiert. Reines Metall, z.B. Wolfram, benötigt einen verhältnismäßig hohen Energiebetrag, d.h. eine hohe Betriebstemperatur, um es den
Leitungselektronen zu ermöglichen, aus der Oberfläche auszutreten. In Reinmetallkathoden ist also im Sinne der sog. Richardson-Gleichung eine hohe Austrittsarbeit erforderlich (für Wolfram etwa 4,5 eV). Eine Herabsetzung der
Austrittsarbeit bei gleichzeitiger Reduzierung der Arbeitstemperatur und Erhöhung der Emissionsstromdichte (in Ampere pro cm^2) erzielt man durch Be-

---

x)   1 GeV = 10^9 eV, 1 MeV = 10^6 eV

schichtung, z.B. mit Bariumoxid, wobei im Extremfall die Elektronenemission
nahezu ausschließlich in der Fremdschicht stattfinden kann.

In Linearbeschleunigern für die strahlentherapeutische Anwendung werden je
nach Konstruktionsprinzip sowohl direkt geheizte Reinmetallkathoden als auch
indirekt geheizte, beschichtete Kathoden verwendet.

Die Emission der Elektronen, die durch eine Hohlanode mit einer Spannung von
ca. 50 kV vorbeschleunigt in das eigentliche Beschleunigungsfeld eingeschossen werden , erfolgt im Pulsbetrieb. Als Steuerelektrode wird entweder ein
Metallgitter zwischen Kathode und Anode oder die Anode selbst verwendet.

Durch ein positives Potential an der Steuerelektrode kann der Elektronenstrom
fließen.

Die Qualität einer Elektronenquelle wird nicht nur durch die Emissionsstromdichte, sondern auch durch das Verhältnis dieser Größe zum Raumwinkel ("Richtstrahlwert") bestimmt. Die elektronenoptischen Eigenschaften realisiert man
durch geeignete Elektrodenanordnungen und -formen, deren Aufgaben im Prinzip
darauf hinauslaufen, Raumladungsbildungen möglichst einzuschränken. Fig. 2.1
zeigt den prinzipiellen Aufbau einer sog. Elektronenkanone für einen medizinisch genutzten Elektronenlinearbeschleuniger.

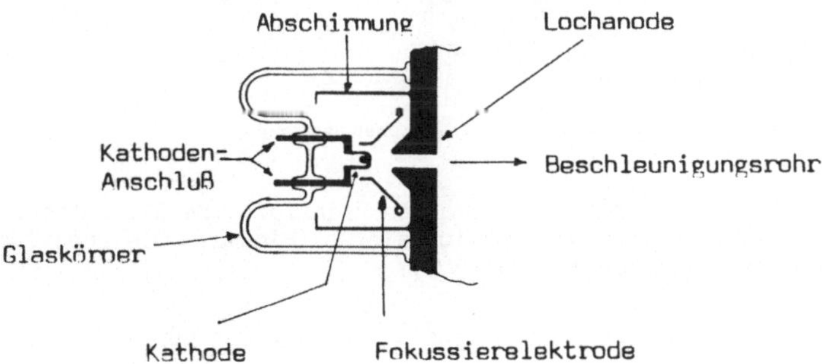

Fig. 2.1: Prinzip einer Elektronenquelle für einen medizinisch genutzten
           Elektronenlinearbeschleuniger /2.1/

2.2.2   Ionenquellen

Ionenquellen sind technisch und physikalisch aufwendiger als Elektronenquellen,
vor allem dann, wenn negative Ionen und/oder schwere Ionen mit möglichst hoher

- 14 -

Emissionsstromdichte erzeugt werden sollen. Prinzipiell können Feststoffio-
nen z.B. durch Verdampfung oder Gasionen z.B. durch Stoßionisation entstehen.

In dem sog. Duoplasmatron (Fig. 2.2), einer Gasionenquelle, entwickelt eine
Bogenentladung zwischen einem Heizdraht und einer Anode plasmaähnliche Gas-
zustände. Die fokussierende Wirkung einer Zwischenelektrode und eines axia-
len Magnetfeldes sorgt für eine sehr hohe Dichte der Ionen, die dann mit
Hilfe einer negativ geladenen Extraktionselektrode (10 bis 50 kV) durch eine
Öffnung mit kleiner Apertur extrahiert werden. Duoplasmatronquellen liefern
Ionenströme bis zu 1 Ampere.
Weitere Ionenquellentypen arbeiten zum Beispiel nach dem Penning-Prinzip, wobei spiralförmig sich durch das Arbeitsgas bewegende Elektronen stoßionisie-
ren, (eine Abart der Penningquelle ist die sog. PIG-Quelle, wobei die Elektronen im Gas hin und her oszillieren)oder nach dem Hochfrequenzprinzip, wobei
eine den Gasraum umgebende Senderspule für den Aufbau intensiver Elektronen-
schwingungen sorgt, so daß schließlich Ionisationen stattfinden.

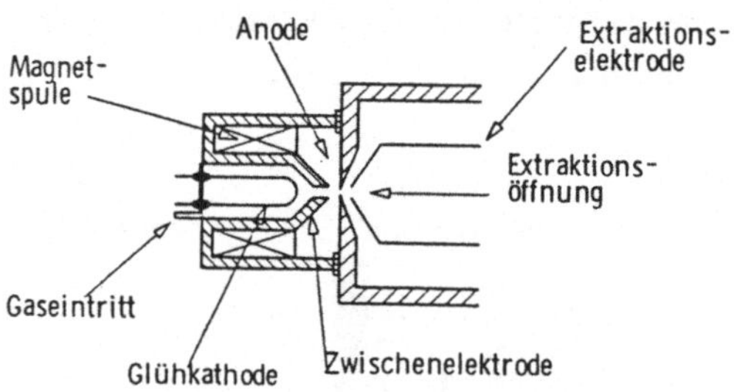

Fig. 2.2:   Ionenquelle nach Duoplasmatron-Prinzip. Eine Glühkathode emittiert
            Elektronen, die ein Gas ionisieren (Plasma). Die positiven Ionen
            werden extrahiert (- 40 kV).

Manchmal (z.B. bei Tandembeschleunigern) benötigt man Quellen für negative
Ionen. Normalerweise liefern alle bisher erwähnten Quellen positive Ionen, d.
h. es werden ein oder mehrere Elektronen aus dem Atomverband durch verschiedene Prozesse (z.B. Stoßionisation) entfernt. Das Umgekehrte, das Hinzufügen
von Elektronen, ist schwierig, so daß sich negative Ionenquellen trotz mäßi-
ger Ausbeute technisch sehr aufwendig gestalten. Ein Mechanismus, der negative Ionen schafft, ist der Umladungsprozeß in Gasentladungen, bei dem Elek-
tronenanlagerungen, Dissoziationen und Neutralgasteilchen in Form verschiedener Reaktionsformen eine Rolle spielen. Nicht alle Elemente bilden negative
Ionen, so z.B. mit Ausnahme von Helium nicht die Edelgase, auch von den

Lanthaniden und Aktiniden ist darüber nichts bekannt. Andere Elemente, die
ebenfalls dazu nicht in der Lage sind, erreichen diesen Zustand über die Bil-
dung von negativ geladenen Molekülionen, so z.B. Tantal oder Uran über die
Verbindungen TaF^- oder $U F_n^-$ /2.2/. Typische Quellenströme von negativen
Ionen liegen bei etwa 1 /uA mit Energien zwischen 50 und 150 keV.
Spezielle Ionenquellen liefern gepulste Strahlströme oder polarisierte Ionen,
großen Wert legt man auch auf mehrfach geladene Ionen, da mit ihnen gemäß der
Beziehung "Endenergie gleich Beschleunigungsspannung mal Ionisationsgrad" der
Energiebereich eines Beschleunigers erheblich ausgedehnt werden kann.
Die aus den Ionenquellen extrahierten Strahlströme müssen vor der Injektion
in die eigentliche Beschleunigungsstrecke daran "ionenoptisch" angepaßt und
von unerwünschten Ionenstrukturen gesäubert werden. Geeignete Hilfsmittel
sind elektrostatische und magnetische Linsensysteme (z.B. Einzellinsen, Qua-
drupole) und Ablenk- bzw. Analysiermagnete, z.B. mit Ablenkwinkeln von 20°.

In Neutronengeneratoren werden Ionenquellen ganz spezieller Art eingesetzt,
so zum Beispiel in medizinisch genutzten Neutronengeneratoren /2.3/: Eine
in sich geschlossene Röhre ist mit einem Deuterium-Tritium-Gasgemisch im Verhältnis 1 : 1 gefüllt. Ein ringförmiges Entladungssystem erzeugt Deuterium-
Tritium-Ionen, die sich mit Hilfe einer Beschleunigungsspannung von z.B.
200 kV in Richtung auf eine kegelstumpfförmige Targetelektrode bewegen, die
eine mit Tritium und Deuterium gesättigte Schicht trägt. Dort entstehen durch
(d,n)- und (t,n)-Reaktionen schnelle Neutronen mit einer Energie von 14,1 MeV.
In Anordnungen dieser Art kann man die Ionenquellenkonfiguration von der Beschleunigungsstrecke und der Targetanordnung räumlich nicht mehr trennen,
alle Systeme sind sozusagen ineinander integriert.

2.3   Geradeausbeschleuniger

Der Begriff faßt alle Typen zusammen, deren Beschleunigungsstrecke geradlinig
ist. Als Hochspannungsquellen stehen Gleich- und Wechselspannungsgeneratoren
zur Verfügung.

2.3.1   Gleichspannungsgenerator-Beschleuniger

Aus isolationstechnischen Gründen erreicht man mit den einstufigen Versionen
dieses Typs nur relativ niedrige Beschleunigungsspannungen, so daß, vom Neutronengenerator einmal abgesehen, die sog. Niederenergiebeschleuniger hauptsächlich in der Industrie eingesetzt werden. Dort sind fast ausschließlich

Elektronenbeschleuniger in Betrieb, wobei man entweder den Elektronenstrahl
durch dünne Metallfolien homogenisiert austreten und durch Scanprozesse (z.B.
durch elektrische oder magnetische Wechselfelder) aufgeweitet direkt auf das
zu bestrahlende Objekt auftreffen läßt oder ihn intramaschinell auf ein
Schwermetalltarget zur Bremsstrahlenerzeugung lenkt.
Eine Röntgenröhre ist im Prinzip auch ein einstufiger Beschleuniger, wobei
mit besonders effektiven Gleichrichtungsschaltungen (z.B. mit 12 Puls- oder
Mittelfrequenzgeneratoren in der Medizin,z.B. mit Villard- oder Kaskaden-
gleichrichtern in der Materialprüfung) die höchsten Leistungen erreicht werden. Zur industriellen Materialbestrahlung werden Röntgeneinrichtungen praktisch nicht eingesetzt, wohl gammastrahlende Radioisotope hoher Aktivität, so
z.B. ^{60}Co-Quellen.
Die durch niederenergetische Elektronenbeschleuniger erzeugte Bremsstrahlung
mit Kermaleistungen (vgl. Abschn. 3.3.2) z.B. von 10^4 Gy/h in 1 m Abstand vom
Target (Goldtarget, 3 MeV, 25 mA) besitzt im Vergleich zu den energieäquiva-
lenten Elektronen eine verhältnismäßig hohe Eindringtiefe, so daß sie zu Ste-
rilisierungs- und Pasteurisierungsaufgaben mit gutem Erfolg eingesetzt werden
kann. Elektronen dagegen geben ihre Energie auf einer sehr kurzen Weglänge
in einem Material ab, sorgen also für eine große Zahl von angeregten und ioni-
sierten Molekülen in einer dünnen Schicht und werden daher zur Induktion von
Polymerisations-, Vernetzungs- und Härtungsprozessen eingesetzt /2.4/ bis
/2.8/.
Die eingestrahlten Dosen müssen für erfolgreiche Anwendungen dieser Art erheblich sein, z.B. bei Lackhärtungen 5 bis 50 MGy $m^{-2} \cdot h^{-1}$, so daß sich industriell nutzbare Niederenergiebeschleuniger durch hohe Strahlströme auszeichnen.

Einstufige, kompakte Niederenergiebeschleuniger arbeiten normalerweise in
einem Hochspannungsbereich bis 1 MV. Dieser Wert kann erheblich gesteigert
werden, wenn man für eine zusätzliche Isolierung des Hochspannungsteils gegenüber der Umgebung sorgt. Das geschieht oft durch Unterbringung der Hochspannungselektrode in einem mit Gas gefüllten Drucktank (z.B. N_2/CO_2-Gemisch
oder SF_6). Mit Hilfe dieser Drucktankbeschleuniger sind Beschleunigsspannun-
gen bis zu 10 MV erreichbar, so daß hier allmählich das Interessengebiet der
Kernphysik berührt wird.
Eine weitere Steigerung der erreichbaren Endenergie für beschleunigte Teilchen
gelingt mit dem Tandemprinzip, das allerdings nur für Ionen funktionieren kann.
In einer Ionenquelle, z.B. vom Typ Duoplasmatron, werden negativ geladene
Ionen erzeugt und in Richtung auf eine positive Hochspannungselektrode be-

schleunigt. Dort passieren sie einen sog. Stripping-Kanal, der ein Gas (z.B.
O_2) oder dünne Folien (z.B. aus C) enthält, und werden dort durch "Elektro-
nenabstreifung" positiv umgeladen. Damit erfahren sie jetzt eine erneute Beschleunigung infolge Abstoßung von der positiven Elektrode, und zwar auf eine
Endenergie, die bei einfach geladenen negativen und positiven Ionen zahlen-
mäßig der doppelten Hochspannung entspricht.

2.3.1.1 Van-de-Graaff-Beschleuniger (Elektrostatischer Generator)

Die Erzeugung der Hochspannung geschieht durch Ladungstransport über ein End-
los-Kunststoffband von der Aufsprüheinrichtung eines entsprechend ausgelegten
Netzgerätes (z.B. 30 kV) bis zur Abnahmeeinrichtung in einer Metallkuppel,
die als Faradayscher Käfig wirkt. Gemäß den physikalischen Gegebenheiten in
einem derartigen System verteilen und sammeln sich die Ladungen auf der Oberfläche der Metallkuppel und bauen so eine Potentialdifferenz zwischen Kuppel
und Erde auf. Auf diese Weise sind Hochspannungen von 2 bis 3 MV erreichbar,
die dann beispielsweise bei positiver Polarität negative Elektronen auf 2 bis
3 MeV, bei negativer Polarität positive Ionen auf 2 n bis 3 n MeV beschleunigen können (n = Ionisationsgrad).
Mit Van-de-Graaff-Beschleunigern sind Elektronenströme bis zu einigen mA und
Protonenströme bis zu mehreren 100 μA erreichbar.

Anwendungsbeispiel: Typ K 3000 der Firma High Voltage, Eng., USA (Fig. 2.3).

Diese Beschleunigeranlage dient zur industriellen Bestrahlung von Festkörpern
(vorwiegend in Form von Folien und Drähten). Elektronen werden nach dem Van-
de-Graaff-Prinzip auf maximal 3,3 MeV beschleunigt (Leistung 3 kW).
Die Beschleunigersäule hängt freischwebend an einer Stahlplatte ("Baseplate").
Sie wird von einem Drucktank (P) umschlossen, der mit einem trockenen Gasgemisch (ca. 80 % Stickstoff, 20 % Kohlensäure) bei einem Druck von $2,2 \cdot 10^6$ Pa
gefüllt ist. Dieses Gasgemisch hat die Aufgabe, die Hochspannung nach außen
zu isolieren.
Das Kernstück des Beschleunigers ist ein Endlosgummiband (B), das von einem
Drehstrommotor (Bandmotor) (M) mit ca. 3000 Umdrehungen/min angetrieben wird.
Die Gegenrolle (G) dient gleichzeitig als Generator, die die interne Elektro-
nik (Glühkathode (K), Kathodensteuerung etc.) mit Spannung versorgt.
Exzentrisch ist an der Baseplate das Beschleunigungsrohr (A) isoliert angebracht. Es hat einen Innendurchmesser von ca. 5 cm und besteht aus 64 Beschleunigungselektroden, die gegeneinander durch ca. 3 cm breite Kunststoff-

scheiben isoliert sind. Das ganze Strahlrohr ist mit einem Spezialkitt zu-
sammengeklebt.

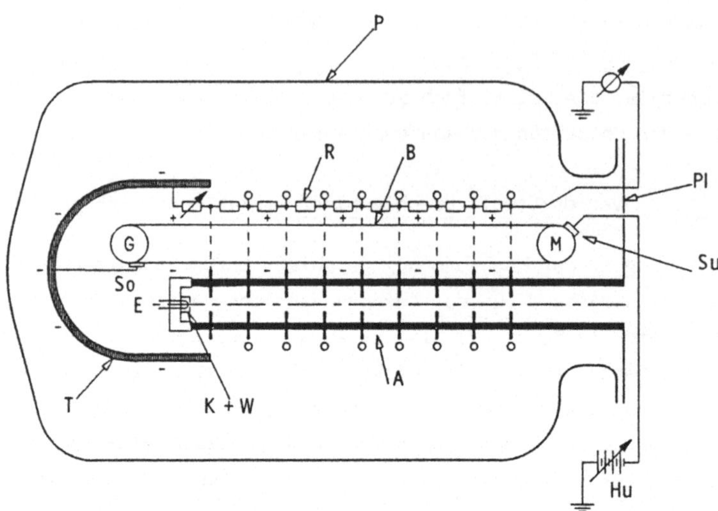

Fig. 2.3:   Längsschnitt durch einen 3,3 MeV-Van-de-Graaff-Elektronenbe-
schleuniger der Kernforschungsanlage Jülich zur industriellen
Bestrahlung von Festkörpern

G)	Gegenrolle	T)	Edelstahlhalbkugel
P)	Drucktank	Su)	Sprühkamm
K)	Glühkathode	Hu)	Hochspannungsgerät
E)	Elektronenquelle	R)	Spannungsteiler
W)	Wehneltzylinder	So)	Sprühkamm
A)	Beschleunigungsrohr	Pl)	Baseplate
B)	Gummiband	M)	Antriebsmotor

Am Ende des Strahlrohrs befindet sich die Elektronenquelle (E). Die gesamte
Säule wird abgeschlossen durch eine hochglanzpolierte Edelstahlkugel (T).
Der Sprühkamm (Su), der aus einem feinmaschigen Edelstahlgewebe besteht,
sprüht durch eine Koronaentladung, die durch das Hochspannungsgerät (Hu) auf-
recht erhalten wird, negative Ladungsträger auf das Gummiband (B). Diese Ladungsträger werden nun mechanisch über das Band in den feldfreien Innenraum
der Edelstahlkugel transportiert und dort von dem Sprühkamm (So) abgegriffen.
Es baut sich eine Hochspannung von max. 3,3 MV zwischen Oberfläche der Edelstahlkugel und Erde auf.
Um eine gleichmäßige Beschleunigung der Elektronen zu erreichen, die aus einer Glühkathode (K) in das hochevakuierte Strahlrohr gelangen, wird die Hochspannung stufenweise durch einen Spannungsteiler (R) heruntergeteilt und die
an den Widerständen abgegriffene Spannung   auf die einzelnen Beschleuni-

gungselektroden übertragen. Durch die zwischen den Ringelektroden anliegende
Spannungsdifferenz (ca. 45 kV bei 3 MV Gesamtspannung) werden die Elektronen
aus dem Wehneltzylinder abgesaugt und stufenweise von Elektrode zu Elektrode
auf eine der Gesamtspannung entsprechende Energie beschleunigt.
An der Niederspannungsseite des Beschleunigungsrohres (an der Baseplate)
schließt sich das Strahlführungssystem an. Im Strahlführungssystem sind verschiedene Ablenksysteme, ein Linsensystem, verschiedene Blenden und eine
Justiereinrichtung eingebaut.

2.3.1.2 Kaskaden- und Transformatorbeschleuniger (Elektromagnetischer Generator)

Wesentlich höhere Strahlströme als beim Bandgenerator (einige 100 mA bis 1 A),
allerdings geringere Beschleunigungsspannungen (maximal etwa 1 MV) erreicht
man mit den Kaskaden- und Transformatorgeneratoren.
Beim Kaskadengenerator bildet eine Kombination aus Gleichrichtern und Konden-
satoren jeweils eine Stufe, die die Spannung u des Ausgangstransformators
gleichrichtet und verdoppelt. Nach n Stufen steht zwar theoretisch eine Beschleunigungsspannung von $U = 2\,n \cdot u$ zur Verfügung, praktisch jedoch ist
die Zusammensetzung der Kaskade aus nur wenigen Stufen wirtschaftlich sinnvoll, da der Spannungsabfall im gesamten System mit der 3. Potenz der Stufen-
zahl wächst.
Eine Hintereinanderschaltung von Spannungsverdopplerkaskaden, die jeweils von
untereinander isolierten Dreiphasentransformatoren mit hoher Sekundärwick-
lungszahl gespeist werden, stellt eine Variante des Kaskadengenerators dar
und wird Isolierkerntransformator genannt (engl.: Insulating core transfor-
mer "ICT"). Wichtig ist, daß der ICT über Hochspannungskabel mehrere Beschleuniger gleichzeitig versorgen kann.
Transformatorbeschleuniger, Kaskadenbeschleuniger und zum Teil auch Van-de-
Graaff-Beschleuniger werden überall dort eingesetzt, wo bei relativ niedrigen Teilchenenergien hohe Strahlströme erwünscht sind, so zum Beispiel in
der Technik zu Sterilisations- und Polymerisationszwecken und zum Bau von
Neutronengeneratoren.

Anwendungsbeispiel: ICT der Firma High Voltage, Eng., USA (Fig. 2.4)

Diese Beschleunigeranlage dient hauptsächlich zur Vernetzung von Kunststoffen,
Kabelisolierungen, etc.. Elektronen werden nach dem Isolierkerntransformator-
Prinzip auf maximal 550 keV beschleunigt (Strahlstrom: 20 mA).

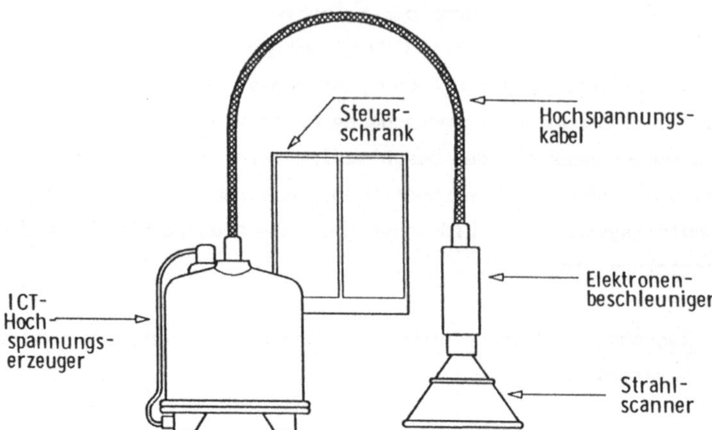

Fig. 2.4:   Hauptbestandteile eines 550 keV-ICT-Elektronenbeschleunigers
der Firma Leybold Heraeus GmbH & Co KG, Köln, zur industriellen Bestrahlung von Kabeln, Folien und Textilien

Folgende Elemente sind von Bedeutung:

1. Die Hochspannungsversorgung besteht aus einem ICT-Dreiphasen-Transforma-
tor mit mehreren Sekundärkernen und Gleichrichterkreisen für jede Phase.
Sie ist in einem ölgefüllten Metalltank untergebracht. Die Eingangsan-
schlüsse für den elektrischen Strom befinden sich in einem Steuerschrank.

2. Das Hochspannungskabel ist ein papierisoliertes, ölimprägniertes Kabel
und dient zur Verbindung des ICT mit dem Elektronenbeschleuniger. Der
Hochspannungsmittelteil ist hohl, er enthält Drähte zur Stromversorgung
der Beschleunigerkathode. Das Kabel ist von einem geerdeten Metallmantel
umgeben.

3. Der Elektronenbeschleuniger besteht aus einem evakuierten Beschleunigerrohr in einem Metalltank. Die aus einer Glühkathode emittierten Elektronen werden in dem Rohr auf eine Energie beschleunigt, die der Ausgangs-
spannung der Hochspannungsversorgung entspricht.

4. Aus dem Beschleunigungsrohr wird der Elektronenstrahl einem Scanner zugeführt, wo er durch ein Magnetfeld periodisch abgelenkt wird. Der Strahl
tritt dann durch das Metall-Austrittsfenster des Scanners aus dem Beschleuniger aus.

5. Der Steuerschrank enthält das Stromverteilungssystem und die Steuerungen
für Stromzufuhr, Scanner, Vakuum- und Strahlsystem. Am Steuerschrank ist
auch das Sicherheits- und Verriegelungssystem angeschlossen.

2.3.1.3 Dynamitron-Beschleuniger (Elektromagnetischer Generator)

Anlagen dieser Art sind nur als Drucktankgeneratoren ausgelegt. Entlang der
Innenseite des Drucktanks sind HF-Elektroden angebracht, die zusammen mit
einer außerhalb liegenden Spule einen Schwingkreis von z.B. 300 kHz Resonanz-
frequenz bilden. Der Schwingkreis wird über eine Ankopplungsspule aus einem
ebenfalls außerhalb befindlichen Oszillator mit Energie versorgt. Ringförmige
Elektroden gleichen Potentials entlang des Strahlrohres nehmen als Antennen
das Hochfrequenzfeld auf, wobei Hochfrequenzpotentiale induziert und dann
über die die einzelnen Ringe (Coronaringe) verbindenden Gleichrichter zu einer sehr hohen Gleichspannung von maximal etwa 5 MV addiert werden. Mit diesem Prinzip können sowohl Elektronen (Ströme bis etwa 20 mA) als auch Ionen
(Ströme bis etwa 5 mA) beschleunigt werden.

Anwendungsbeispiel: Dynamitron 1500/25 der Firma Radiation Dynamics, USA
 (Fig. 2.5).

Diese Beschleunigeranlage dient zur industriellen Vernetzung von Kabelisolierungen. Elektronen werden nach dem Dynamitron-Prinzip auf maximal 1,5 MeV
beschleunigt (Leistung: 37,5 kW).

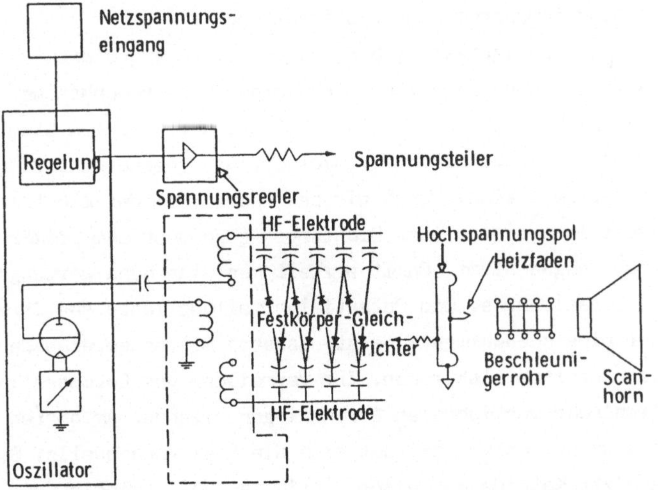

Fig. 2.5:   Prinzip eines Dynamitron-Elektronenbeschleunigers der Kabelwerke
Reinshagen GmbH, Wuppertal, zur industriellen Bestrahlung von
Kabelisolierungen

1. Beschleunigerdrucktank

   Der Drucktank enthält den Dynamitron-Kaskadengleichrichter und das Beschleunigungsrohr. Der Drucktank ist mit SF_6-Isoliergas (10^6 Pa) gefüllt.

2. Hochspannungserzeuger

   Die von dem Hochfrequenz-Oszillator erzeugte hochfrequente Niederspannung wird in den Resonanzkreis eingespeist. Dieser Resonanzkreis hat eine hohe Güte und sorgt daher für sehr hohe Spannungsamplituden. Er setzt sich zusammen aus einer Resonanzspule und den Hochfrequenz-Elektroden. Die Hochfrequenzelektroden erzeugen ein hochfrequentes elektrisches Wechselfeld entlang einer Gleichrichteranordnung (Festkörpergleichrichter). Durch die kapazitive Wirkung der eingebauten Coronaringe liegt an jedem Gleichrichter eine hochfrequente Wechselspannung, die dann gleichgerichtet wird. Da die Gleichrichter in Reihe geschaltet sind, addieren sich die einzelnen Gleichspannungen zur gewünschten hohen Gleichspannung am Hochspannungspol.

   Die am Hochspannungspol erzeugte Hochspannung wird direkt dem Beschleunigerrohr zugeführt, ohne daß Hochspannungskabel und Endverschlüsse erforderlich sind. Das auf Hochspannung liegende Ende des Beschleunigerrohres wird dabei mit dem Hochspannungspol des Kaskadensystems verbunden.

3. Beschleunigungsrohr und Elektronenquelle

   Das Beschleunigungsrohr besteht aus einem evakuierten Strahlrohr mit konstantem Spannungsgradienten und einer Elektronenkanone. Das Strahlrohr setzt sich zusammen aus einer Reihe von rostfreien Stahl-Elektroden (Dynoden) mit großem Innendurchmesser, die gegeneinander durch Glasisolatoren isoliert sind. Durch die besondere Form der Elektroden werden die Glasisolatoren und ihre Dichtungen gegenüber dem primären Elektronenstrahl abgeschirmt. Damit erzielt man eine hohe wartungsfreie Lebensdauer des Strahlrohres. Die Potentialverteilung längs des Strahlrohres erfolgt über eine hochohmige Widerstandskette mit entsprechenden Anschlüssen für die einzelnen Elektroden. Zur Vermeidung von Coronaentladungen ist das Strahlrohr von mehreren Coronaringen umgeben. Am oberen Ende des Beschleunigerrohres befindet sich die Elektronenquelle. Sie besitzt eine beheizte Kathode aus einer speziellen Wolframlegierung, die, elektrisch in Keramikbuchsen isoliert, auf einer Metallplatte montiert ist. Die Heizleistung wird von einem separat gesteuerten Erzeuger im Hochspannungspol geliefert.

   Durch Variation des Heizfadenstroms kann der Strahlstrom des Beschleunigers erniedrigt oder erhöht werden. Die Elektronenkanone erzeugt im Zu-

sammenwirken mit den Dynoden des Beschleunigerrohres einen gut definierten monoenergetischen Elektronenstrahl.

4. Strahlablenksystem

Das Ende des Strahlrohres ist mit der Ablenkkammer durch ein Stück Drift-
Rohr bzw. Faltenbalg verbunden. Der Strahl wird in der Ablenkkammer durch
ein magnetisches Wechselfeld hin- und hergelenkt und gelangt dann in ein
dreieckförmiges Ablenkhorn aus Edelstahl. Am Ende dieses Ablenkhorns befindet sich ein dünnes Elektronenaustrittsfenster aus einer speziellen
Leichtmetall-Legierung, durch das die Elektronen den Vakuumraum des Beschleunigers verlassen und auf das zu bestrahlende Material treffen. Die
Länge des Ablenkhorns entspricht etwa der Scanweite und ist ca. 5 cm breit.

Das Elektronenaustrittsfenster wird durch Druckluft, die gleichmäßig über
das Fenster verteilt wird, gekühlt. Es ist in einem Flansch mit Metall-
dichtung eingespannt. Hierdurch ist maximale Zuverlässigkeit und geringste
Undichtigkeit des Systems gewährleistet. Seitlich am Scanhorn befindet
sich der Anschluß für die Vakuumpumpe, die das erforderliche Hochvakuum
in Strahlrohr und Ablenkhorn aufrechterhält.

2.3.1.4   Tandembeschleuniger

Das Prinzip, durch Umladung von Ionen ein Beschleunigungspotential zweimal
nutzen zu können, wurde schon kurz angesprochen, so daß an dieser Stelle ein
praktisches Anwendungsbeispiel erläutert werden kann.
Es handelt sich um einen Tandembeschleuniger der Firma Radiation Dynamics
Inc., USA, nach dem Dynamitron-Prinzip /2.9/ (es existieren auch Tandembeschleuniger mit Hochspannungsgeneratoren nach Van-de-Graaff /2.10/). Er
dient der Erzeugung und Beschleunigung leichter und schwerer Ionen, mit denen man atom-, kern- und festkörperphysikalische Experimente durchführt.
Daneben hat sich eine weitere interessante Anwendung von Tandembeschleunigern und ähnlichen Beschleunigertypen etabliert: Die Ausnutzung der ioneninduzierten Röntgenstrahlenemission stellt eine äußerst genaue Methode zur
Spurenelementanalyse im Rahmen des Umweltschutzes und der biomedizinischen
Forschung dar (/2.11/, /2.12/). Die Beschleunigungsspannung kann zwischen
1,5 und 4 MV variiert werden. Die Hochspannungselektrode befindet sich in
der Mitte des 10 m langen Beschleunigerrohres, so daß die Spannung längs des
Rohres nach beiden Enden hin gleichmäßig abfällt. Das alles ist im Innern eines Drucktanks angeordnet, der ebenfalls 10 m lang ist und einen Durchmesser

von 2,50 m aufweist. Dieser Tank wird aus Isolationsgründen mit dem Isolier-
gas SF_6 gefüllt. In der Ionenquelle, die sich außerhalb des Tanks befindet,
werden zunächst negativ geladene Ionen erzeugt, vorbeschleunigt und in den
Beschleuniger eingeschossen , d.h. in der Gegend der Hochspannungselektrode
gelangt der Ionenstrom in ein Gebiet erhöhten Gasdrucks. Hier verlieren die
Ionen infolge von Zusammenstößen mit den Gasmolekülen einen Teil ihrer Elektronen und ändern so ihren Ladungszustand von -1 auf n. Durch diesen Kunst-
griff wird das Beschleunigungsfeld praktisch zweimal durchlaufen ohne Änderung der Bewegungsrichtung. Die erreichten Ionenenergien W richten sich nach
der Beschleunigungsspannung U und der Ladungszahl n hinter dem Strippingka-
nal: $W = (n + 1)\, U$.
Für Protonen und Deuteronen ergeben sich z.B. Maximalenergien von 8 MeV, für
^{3}He und ^{4}He entsprechend 12 MeV usw.. Die Ionenströme erreichen bei Protonen
100 μA. Sie werden beim Übergang zu schwereren Ionen kleiner, weil es technisch schwieriger wird, die nötige Anzahl negativer Ionen in der Ionenquelle
zu erzeugen.
Vom Ausgang des Beschleunigers erreicht der Ionenstrom in Hochvakuum-Strahl-
rohren zunächst den Analysiermagneten. Das Feld dieses Magneten wird so gewählt, daß die gewünschte Teilchensorte mit der richtigen Energie und Ladung
entweder zu einem der beiden Schaltmagnete und von dort an eins der Experimente am Ende der Strahlrohre geführt wird oder direkt in gerader Richtung
bzw. um einen kleinen Winkel abgelenkt zu einem Experiment gelangt. Es ist
nicht möglich, Teilchenströme gleichzeitig in verschiedene Strahlrohre zu
verschiedenen Experimenten zu leiten.

2.3.1.5   Neutronengenerator

Neutronengeneratoren erzeugen schnelle Neutronen(um 14 MeV) über Tritium-Deu-
terium-Fusionsreaktionen, die sowohl in der Neutronenphysik und Neutronen-
aktivierungsanalytik als auch in der medizinischen Strahlentherapie (/2.3/,
/2.13/, /2.14/) benötigt werden. Die erzeugbaren Neutronenflüsse können über
10^{12} Neutronen pro s liegen und das Tritiuminventar einer Neutronengeneratorröhre kann mehrere Hundert Curie betragen (1 Ci $\hat{=}$ 3,7 $\cdot$ 10^{10} Bq).

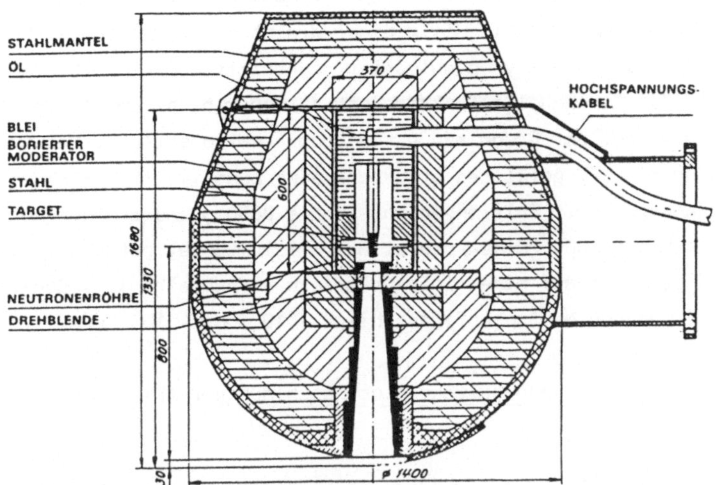

Fig. 2.6:   Strahlerkopf eines Neutronengenerators der Firma Haefely, Schweiz
für die medizinische Strahlentherapie /2.15/ (alle Maße in mm)

Das Grundprinzip eines Neutronengenerators wurde schon erläutert, so daß hier
zwei Anwendungsbeispiele - aus dem medizinischen und aus dem nichtmedizinischen Bereich - vorgestellt werden sollen.

Anwendungsbeispiel 1: Neutronengenerator KARIN (Konzentrische abgeschlossene
Ringionenquellen-Neutronengeneratorröhre)der Firma Haefely, Schweiz, für die
Strahlentherapie (Fig. 2.6) /2.3/. Die Ringionenquelle, schon in Abschn. 2.2.
2 beschrieben, ist in eine Abschirmkugel ("Strahlerkopf") eingebaut, in der
auswechselbare Kollimatoreinsätze für verschiedene Bestrahlungsfeldgrößen
eingesetzt werden. In 10 cm Entfernung außerhalb der Austrittsöffnung des
Kollimatoreinsatzes beträgt die Kermaleistung der 14 MeV-Neutronen 0,2 Gy/min.

Die Abschirmung besteht aus einem inneren Stahlkern und einem äußeren Poly-
äthylen-Moderatorschirm mit 8 %igem Zusatz von B_4C. Schnelle Neutronen werden
durch inelastische Streuprozesse im Stahl abgebremst, im Polyäthylen thermalisiert und anschließend vom Bor absorbiert. Die dabei entstehende γ-Strahlung wird von 4 cm Blei abgeschirmt. Der etwa 8 t schwere Strahlerkopf läßt
Stehfeld- und Bewegungsbestrahlungen zu. Alle für die Einstellung der geome-
trisch und dosimetrisch zu überwachenden Bestrahlungsparameter notwendigen
Einrichtungen (z.B. optischer Entfernungsmesser, Lichtvisier, Meßkammer) sind
im Strahlerkopf eingebaut.

Anwendungsbeispiel 2: Neutronengenerator TB 4/8 der Firma Tunzini-Sames, USA für Materialprüfung /2.16/. Ein Deuteronenionenstrom mit einer Stromstärke von 4 bzw. 8 mA wird mit Hilfe einer dreistufigen Greinacher-Kaskade auf eine Energie von 300 keV beschleunigt und trifft auf ein rotierendes Tritiumtarget. Die Ionenquelle funktioniert entweder nach dem Hochfrequenzprinzip (TB4) oder auf der Grundlage eines Duoplasmatrons (TB8). Der Generator ist in einen mit SF_6 gefüllten Drucktank eingebaut. Der Neutronengenerator arbeitet im Pulsbetrieb mit Pulslängen von 10 bis 8000 μs und Wiederholungsfrequenzen von 0,1 bis 50.000 Pulsen pro s. Das Tritiumtarget enthält bis zu $3,7 \cdot 10^{12}$ Bq Tritium, das auf eine Titan-Unterlage aufgebracht ist. Generatoren dieser Typen erreichen Neutronenflüsse bis $7 \cdot 10^{11}$ bzw. 10^{12} n/s.

2.3.2 Wechselspannungsgenerator-Beschleuniger (Linearbeschleuniger = Linac)

Die einstufige Beschleunigung durch konstante elektrische Felder ist technisch und wirtschaftlich auf einen Hochspannungsbereich bis etwa 10 MV beschränkt. Die Endenergie W eines entlang einer Strecke L mit konstanter Feldstärke E beschleunigten Teilchens der Ladung e_o beträgt $W = e_o \cdot E \cdot L$. Gelingt es, am Anfang der Beschleunigungsstrecke gleichzeitig mit dem Teilchen ein elektrisches Wechselfeld zu starten, derart, daß sich Feld und Teilchen zeitlich parallel in der Phase maximaler Feldstärke E_{max} bewegen, so beträgt die aufgenommene Energie $W = e_o \cdot E_{max} \cdot L$. Selbstverständlich kann diese Art der Beschleunigung nur dann funktionieren, wenn die Phasenlage (z.B. um E_{max}) eingehalten wird, da z.B. beim Nulldurchgang der Sinuswelle keine Beschleunigung und während ihrer negativen Phase sogar eine Abbremsung erfolgt. Daher wird man im Gegensatz zu den Gleichspannungssystemen hier nur mit gepulsten Strahlströmen rechnen können - eine Tatsache, die auch strahlenschutzmäßig unbedingt beachtet werden muß.

Hauptanwendungsgebiet der Linacs ist die Elektronenbeschleunigung. Daher soll nur diese ausführlich beschrieben werden. Die HF-Welle wird von einem Magnetron oder Klystron erzeugt, am Ort der Elektronenquelle in das Strahlrohr eingekoppelt und ihre Phasengeschwindigkeit im ersten Teil, dem sogenannten Buncher (Vorbündeler), zusammen mit den Elektronen bis auf Lichtgeschwindigkeit gebracht. Was den Hochfrequenztransport durch das Strahlrohr betrifft, so unterscheidet man zwischen Stehwellen- und Wanderwellensystemen. Eine stehende Welle entsteht durch Überlagerung der eingekoppelten, in Richtung des Elektronenstroms sich bewegenden mit der am Strahlrohrende reflektierten HF-Welle, wobei im Mittel die gegenläufige Welle nicht beschleunigt. Die Wan-

derwellen laufen nur in Richtung des Elektronenstroms, wobei die Reflexion
am Ende der Beschleunigungsstrecke durch einen Wellenwiderstand "versumpft"
oder per HF-Leitung an den Eingang zurückgeführt wird.
Die mit Elektronen-Linacs erreichbaren Endenergien können sehr variabel ausgelegt werden: von mehreren MeV z.B. für Materialprüfungszwecke bis über
1000 MeV für die Hochenergie- und Kernphysik. Die Elektronenströme pro Im-
puls liegen weit im mA-Bereich, während die mittlere Stromstärke einige
100 μA nicht überschreitet.
Elektronenlinearbeschleuniger werden industriell zur Werkstoffprüfung eingesetzt, und zwar für Stahl-Wandstärkenbereiche bis zu 30 cm, z.B. bei der
Prüfung von Druckgefäßen von Kernenergieanlagen oder Anlagen der Großchemie.
Beschleuniger dieser Art arbeiten im Energiebereich von 8 bis 18 MeV. Die
Photonenkernaleistungen können in 1 m Abstand vom Kupfer-Wolfram-Target bis
zu 100 Gy/min erreichen, und das bei einer Brennfleckgröße von 3 x 3 mm^2.
Fig. 2.7 zeigt die äußeren Abmessungen und Bewegungsmöglichkeiten eines 12
MeV-Elektronenlinearbeschleunigers in seinem Manipulatorkran.

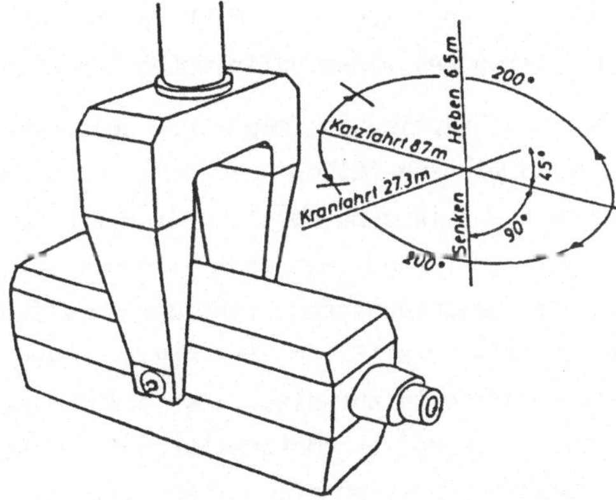

Fig. 2.7:   Bewegungsmöglichkeiten eines 12 MeV-Elektronenlinearbeschleunigers
            der Betriebstechnik Düsseldorf, Werk Hattingen, für die Werkstoff-
            prüfung /2.17/

Derartige Anlagen fordern eine spezielle Aufnahmetechnik (z.B. 7 min Belich-
tungszeit bei Stahlwanddicken um 22,5 cm mit unempfindlichem, feinzeichnen-
dem Röntgenfilm und 0,1 cm Tantalblech als Vorderfolie). Optimale Feldhomogenität erreicht man mit Ausgleichsfiltern aus Kupfer oder Blei.
Wesentlich häufiger ist heutzutage der Einsatz von Elektronenlinearbeschleunigern in der Medizin zu strahlentherapeutischen Zwecken. Der Elektronen-

kreisbeschleuniger vom Typ Betatron hat gegenüber dem Linac so gravierende
physikalisch-technische Nachteile, daß alle Hersteller von medizinischen Beschleunigern die Produktion dieses Typs eingestellt haben. Zur Strahlentherapie mit Elektronenbeschleunigern stehen zwei Strahlenarten zur Auswahl:
Elektronen und Photonen mit Maximalenergien zwischen 4 und 45 MeV. Wann welche Strahlenart eingesetzt wird, hängt wesentlich vom Tiefendosisverlauf und
der Lage des zu bestrahlenden Tumors relativ zur Körperoberfläche ab (vgl.
Abschn. 6.2).

Folgende konstruktiven Merkmale charakterisieren den Typ eines medizinischen
Linac /2.18/:

1. Beschleunigungsprinzip (Wanderwelle, Stehwelle),
2. Energieerzeugung (Magnetron, Klystron),
3. Strahlumlenkung (90°-Magnet, 270°-Magnet),
4. Elektronenaufstreuung (Streufolie, magnetisches Scanning).

Alle aufgezählten Parameter oder Kombinationen davon beeinflussen sowohl die
medizinisch-physikalischen als auch die wirtschaftlichen Eigenschaften eines Beschleunigers. So hat die Wanderwellenbeschleunigung Vorteile bezüglich
der spektralen Verteilung der beschleunigten Elektronen, während ein Steh-
wellenrohr am wirkungsvollsten bei einer definierten Strahlleistung arbeitet.

Das Klystron ist bei höheren Energien dem Magnetron leistungsmäßig vorzuzie-
hen, ist aber technisch und wirtschaftlich aufwendiger als ein Magnetron.
Ein 270°-Magnet hat stark fokussierende Eigenschaften und erzeugt daher einen kleinen Brennfleck auf dem Target, während mit einem 90°-Magnet eine
wirksame Energieauswahl der beschleunigten Elektronen möglich ist.
Da die Feldaufstreuung mittels Metallfolien im Vergleich zum magnetischen
Scanning keine relevanten Nachteile aufweist, aber technisch einfacher zu
realisieren ist, verzichten die meisten Hersteller auf das Scanprinzip.
Medizinische Elektronenbeschleuniger erreichen Kermaleistungen bis zu
6 Gy/min im Dosismaximum bei einem Brennfleck-Abstand von 100 cm für Photonen und einen Wert in ähnlicher Größenordnung ebenfalls im Dosismaximum
für Elektronen.
Anwendungsbeispiel: Elektronenlinac MEVATRON der Firma Siemens.

Das MEVATRON ist ein Stehwellenbeschleuniger. Bei dieser Art von Beschleuniger wird die Hochfrequenzwelle am Ende des Rohres reflektiert und wandert
zurück. Durch Überlagerung der hin- und herlaufenden Wellen entsteht eine
stehende Welle, die stationäre Knoten und Schwingungsbäuche besitzt. Elektro-

nen,die zum richtigen Zeitpunkt, d.h. phasengerecht, eingeschossen werden,
treffen an den Stellen der Schwingungsbäuche stets ein maximal beschleunigendes Feld an.
Fig. 2.8 zeigt die Baugruppen des MEVATRON.
Die im Kathodenraum bereits auf ca. 10 keV vorbeschleunigten Elektronen werden von der Hochfrequenzwelle erfaßt und beschleunigt, wobei ein Teil der
Hochfrequenzenergie auf die Elektronen übertragen wird.
Ein Triggergenerator erzeugt Impulse mit einer Frequenz von 360 Hz für Rönt-
gen- und die 3-MeV-Elektronenstrahlung. Für 7- und 11-MeV-Elektronenstrah-
lung ist die Impulsfolgefrequenz 120 Hz (z.B. MEVATRON 12).
Mit diesen Impulsen wird der Modulator und die Dosisleistungsregelung ange-
steuert. Der Modulator erzeugt daraus einen rechteckigen Leistungsimpuls mit
einer Impulslänge von ca. 3,5 μs und steuert damit das Magnetron an.
Das Magnetron gibt als Folge davon HF-Impulse von gleicher Dauer mit einer
Frequenz von etwa 3000 MHz über den Zirkulator und einen mit Freon gefüllten
Hohlleiter in die Beschleunigungsstrecke ab.
Über die Dosisleistungsregelung wird die Impulsfrequenz des Elektronenstrahls
so geregelt, daß die eingestellte Dosisleistung konstant gehalten wird.
Ein HF-Impuls durchläuft nun die Beschleunigungsstrecke, wird am Röhrenende
reflektiert und wandert wieder zurück. Der Zirkulator hat die Aufgabe, die
rücklaufende Welle in den Hochfrequenz-Lastwiderstand umzuleiten, wo die rest-
liche Energie absorbiert wird. Diese Vorrichtung ist notwendig, um einen möglichst geringen Anteil der reflektierten HF-Wellen in das Magnetron gelangen
zu lassen, da sonst seine Arbeitsweise empfindlich gestört würde.
Eine Mikrosekunde nach Beginn der Magnetronschwingung hat sich in dem Beschleunigungsrohr eine stehende Welle gebildet. Erst dann werden die Elektronen aus dem Kathodenraum mit einer Energie von etwa 10 keV in den Hohlleiter
eingeschossen.
Nach Durchlaufen der Beschleunigungsstrecke haben die Elektronen ihre Endenergie erreicht und werden durch magnetische Felder umgelenkt. Verschiedene Elek-
tronenenergien werden durch Änderung der Magnetronleistung erzielt, wobei
das Umlenksystem automatisch auf die jeweilige Energie programmiert wird. Aus
diesem Grunde beschränkt man sich auf die therapeutisch wichtigsten Energie-
stufen.

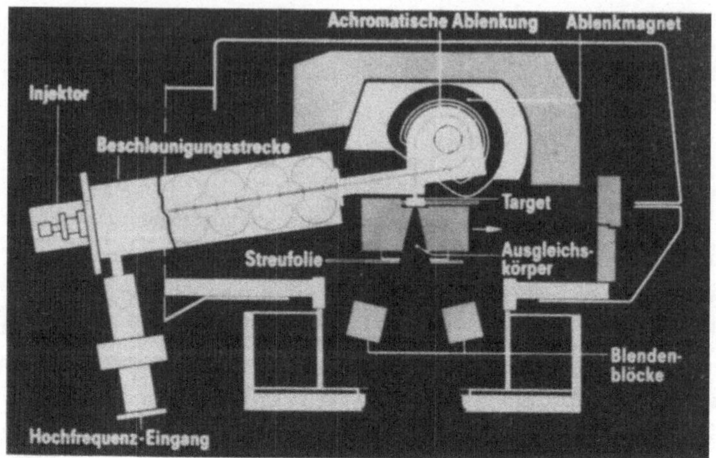

Fig. 2.8:   Baugruppen des medizinischen Elektronenlinearbeschleunigers
            MEVATRON der Firma Siemens /2.19/ (Die Firmen Philips und
            CGR liefern ähnliche Systeme.)

Ein achromatisches 270°-Umlenksystem erzeugt einen ortsfesten Brennfleck an
einem dünnen Wolframtarget, wo Röntgenbremsstrahlung entsteht. Elektronen,die
das Target durchdringen, werden in einem Kohlenstoff-Aluminium-Stopper abgebremst. Die hochenergetische Röntgenstrahlung passiert einen Wolframkollima-
tor, einen Ausgleichskörper aus Stahl zur Feldhomogenisierung, eine Ionisationskammer für den Dosismonitor, ein Lichtvisiersystem und eine motorisch
verstellbare Wolframblende.

Bei Elektronenbestrahlung wird dieses System herausgefahren und der Elektro-
nenstrahl durchläuft ein Foliensystem zur Aufstreuung (Schwermetallfolie) und
Homogenisierung (Leichtmetallfolie), eine verstellbare Wolframblende, eine
Ionisationskammer und schließlich einen Elektronentubus.

Über Monitorsysteme und andere Sicherheitseinrichtungen an medizinischen Elektronenbeschleunigern wird in Kap. 6 berichtet.

Wechselspannungs-Linearbeschleuniger für Ionen, z.B. für Protonen, werden
wesentlich seltener gebaut. Sie arbeiten meistens nach dem Alvarez-Wideroe-
Prinzip /2.20/ und können auch als Vorbeschleuniger für Synchrotronanlagen
dienen. Als Injektorsystem für Ionenlinearbeschleuniger benutzt man häufig
Kaskadenbeschleuniger, z.B. vom Cockroft-Walton-Typ /2.21/ oder neuerdings
auch sog. Hochfrequenz-Quadrupol-Strukturen /2.22/.

2.4   Kreisbeschleuniger

Das Prinzip der Kreisbeschleuniger nutzt die Wirkung der Lorentz-Kraft aus:
Senkrecht zu einem Strom geladener Teilchen ausgerichtete Magnetfelder krüm-
men diesen zu einer Kreisbahn. Damit besteht die Möglichkeit, den zu beschleunigenden Teilchen sehr oft einen verhältnismäßig kleinen Energiebetrag zu übertragen, um sie auf diese Weise bei vielen Umläufen auf hohe Energien zu bringen. Die wichtigsten Kreisbeschleuniger sind das Zyklotron und
das Synchrotron, während das Betatron durch Einführung anderer Techniken
(z.B. Linearbeschleuniger und Mikrotron) praktisch bedeutungslos geworden
ist.
Das Betatron funktioniert nach dem Transformatorprinzip, wobei die Sekundär-
wicklung durch ein evakuiertes torusförmiges Strahlrohr ersetzt ist. Eine
Elektronenquelle (das Betatron beschleunigt nur Elektronen) injiziert Elektronen, die von einem Wirbelfeld beschleunigt und von einem Führungsfeld auf
einer Kreisbahn gehalten werden. Es können die beschleunigten Elektronen
direkt oder die durch Elektronen erzeugte Bremsstrahlung genutzt werden. Die
Maximalenergien liegen um 50 MeV, die mittleren Stromstärken im μA-Bereich.

2.4.1   Zyklotron

Das Zyklotron beschleunigt keine Elektronen sondern nur Ionen. Eine kreis-
förmige Vakuumkammer sitzt zwischen den Polen eines großen Elektromagneten,
der heutzutage auch schon auf supraleitender Basis gebaut werden kann /2.24/.
In der Vakuumkammer befinden sich z.B. 2 halbkreisförmige Blechkörper, die
als Beschleunigungselektroden dienen und an denen die Beschleunigungsspannung liegt. Die Ionenquelle befindet sich in der Mitte. Durch einen hochfrequenten Wechselstromgenerator werden die Elektroden abwechselnd positiv und
negativ geladen, und zwar so, daß die Teilchen immer ein beschleunigendes
Feld "sehen". Das Magnetfeld sorgt dafür, daß die Teilchen auf einer Kreisbahn bleiben, die sich aber infolge des Geschwindigkeitszuwachses zu einer
Spirale ausweitet. Das "normale" Zyklotron kann Protonen bis etwa 10 MeV beschleunigen bei Strömen bis in den mA-Bereich. Oberhalb dieser Energie macht
sich der relativistische Massenzuwachs sehr schneller Teilchen in der Form
bemerkbar, daß durch die jetzt höhere Zentrifugalkraft die Teilchen außer
Takt geraten und nicht mehr die richtige Beschleunigungsphase erreichen.
Eine Abhilfe ist die Variation des Wechselfeldgenerators im Sinne des Mas-
senzuwachses ("Synchrozyklotron"). Mit dem Synchrozyklotron sind mehrere

100 MeV erreichbar, wobei man zur Optimierung des Beschleunigungsvorgangs
Vorbeschleuniger (z.B. vom Typ Cockroft-Walton) und Injektorsysteme (z.B.
ein Injektorzyklotron) vorschalten kann /2.25/.
Als Vorbeschleuniger für Zyklotron-Systeme ist besonders für schwere Ionen
auch das Van-de-Graaff-Prinzip gut geeignet, z.B. als Kombination mit einem
Isochronzyklotron /2.23/.
Kreisbeschleuniger vom Zyklotrontyp werden zu wissenschaftlichen Zwecken in
der Kernphysik eingesetzt, aber in zunehmenden Maße auch in der Medizin.
Dort sollen sie kurzlebige radioaktive Isotope für die Nuklearmedizin oder
schnelle Neutronen für die perkutane Strahlentherapie herstellen.

Anwendungsbeispiel 1:   Zyklotron CV 28 der Firma The Cyclotron Corp., USA,
für medizinische Anwendung /2.26/ (Fig. 7.4) in der Universitätsklinik Essen.

Das Zyklotron dient zur Herstellung kurzlebiger Radionuklide, in der Mehr-
zahl reiner Positronenstrahler, für Anwendungen auf dem Gebiet der Nuklearmedizin, Strahlenphysik und -biologie, Radiochemie und -pharmazie, zu Akti-
vierungsanalysen zwecks Bestimmung von Spurenelementen in vitro und Körper-
elementen wie Ca und P in vivo, zu strahlenphysikalischen Experimenten und
zur Neutronentherapie vornehmlich sauerstoffarmer Tumore. Beschleunigt werden wahlweise hauptsächlich Protonen (auf maximal 24 MeV), ^{3}He-Ionen (auf
maximal 26 MeV) und ^{4}He-Ionen (auf maximal 28 MeV). Außerdem können auch
Ionenstrahlen schwererer Atome wie ^{12}C, ^{14}N und ^{16}O erzeugt werden. Die Ionenströme am Targetort liegen zwischen 50 /uA (^{4}He) und 100 /uA (Deuteronen).
Die nach dem schon beschriebenen Zyklotronprinzip beschleunigten Ionen werden bei Annäherung an die Wand der Vakuumkammer durch ein spezielles Extrak-
tionssystem ("Septum") aus dem Zyklotronbereich ausgeschleust. Dieses System
besteht aus einer elektrostatischen Ablenkeinheit und einem Magnetkanal. Eine innerhalb der Vakuumkammer verschiebbare Sonde mißt den Ionenstrom und erlaubt eine Optimierung der Magnetfeldprofile und der Extraktionsbedingungen.
Eine Halterung für ein internes Target ermöglicht die Erzeugung von Kernreaktionen innerhalb des Zyklotronbereichs mit wesentlich höheren Strahlströmen als es beim extrahierten Strahl möglich ist.
Die extrahierten Ionen erreichen nach Fokussierung durch ein Quadrupollinsenpaar den Schaltmagneten,der für eine Aufteilung der beschleunigten Teilchen auf eine der insgesamt 7 Strahlrohre sorgt. Die Strahlrohre, jeweils
wiederum mit je einem Quadrupollinsenpaar bestückt, sind an ihren Enden von
speziellen Targetsystemen verschlossen.
Das Zyklotron erlaubt auch die perkutane Neutronenbestrahlung. Die Kernreak-

tion ^{9}Be (d,n) ^{10}Be erzeugt bei einem Deuteronenstrom von 100 μA und einer Deuteronenenergie von 14 MeV in 1 m Abstand vom Target eine Kermaleistung von maximal 0,6 Gy/min. Als Target wird ein dickes Be-Target benutzt, so daß mit einer mittleren Neutronenenergie von etwa 5 und einer maximalen Neutronenenergie von etwa 16 MeV gerechnet werden muß.

Anwendungsbeispiel 2: Isochronzyklotron JULIC der Firma AEG für wissenschaftliche Aufgaben (i.w. Kernphysik) (Fig. 2.9) der Kernforschungsanlage Jülich.

Ein Isochronzyklotron besitzt ein komplizierteres Magnetfeld als ein "normales" Zyklotron, bestehend aus drei sog. Bergsektoren mit hoher Feldstärke, drei Talsektoren mit geringer Feldstärke und drei Beschleunigungseinheiten in den Talsektoren. Jede der drei Beschleunigungseinheiten besteht wiederum aus zwei Beschleunigungsspalten, so daß die Ionen sechsmal pro Umlauf beschleunigt werden. Die Spiralanordnung des Magnetfeldes (vgl. Fig. 2.9) dient zum Aufbau von Kräften, die alle von der Mittelebene abgewichenen Teilchen auf diese zurücktreiben sollen. Normalerweise liefert schon ein nach außen abfallendes Magnetfeld derartige Kräfte, jedoch verlangt die Beschleunigung schneller Teilchen mit relativistischer Massenzunahme ein nach außen ansteigendes Magnetfeld und damit einen Kompromiß zwischen optimaler Fokussierung (nach außen abfallendes Magnetfeld) und präziser Einhaltung der Resonanzbedingung für Zyklotronbetrieb (nach außen zunehmendes Magnetfeld). Die Spiralfokussierung mit Hilfe der Sektoranordnung ermöglicht also den Betrieb von Zyklotronmaschinen auch im relativistischen Energiebereich. Trotz relativistischer Massenzunahme im Sinne der Beziehung $M = M_o (1 - v^2/c^2)^{-1/2}$ (vgl. Abschn. 2.1) wird bei axialer Fokussierung und Fokussierung auf die Mittelebene die Resonanzbedingung $\nu \sim B/M$ eingehalten (ν = Umlauffrequenz, B = Magnetfeld senkrecht zur Mittelebene).
Die Ionen werden im Zentrum der Maschine in einer Ionenquelle erzeugt und anschließend bei entsprechender Zunahme ihrer Geschwindigkeit auf spiralähnlichen Bahnen bis zum Extraktionsradius der Maschine beschleunigt. Wegen der Isochronie aller Umläufe und der Strahlpulsung aufgrund der hochfrequenten Beschleunigungsspannung ist dabei die Maschine von innen bis außen mit "Teilchenpaketen" gefüllt, die wie auf drei Speichen eines Rades angeordnet sind, das sich in ca. 10^{-7} Sekunden einmal dreht. Der Frequenzbereich des Beschleunigungssystems reicht von 20 bis 30 MHz, so daß die Endenergie der beschleunigten Ionen zwischen 22,5 und 45 MeV/Nukleon variiert werden kann.

Dies bedeutet für Protonen, Deuteronen, ^{3}He- und ^{4}He-Teilchen Energiebereiche von 22,5 bis 45, 45 bis 90, 67,5 bis 135 und 90 bis 180 MeV.
Vor der Extraktion können im Innenstrahl Ströme bis zu 50 /uA für Protonen
und Deuteronen und bis zu 25 /uA für ^{3}He- und ^{4}He-Teilchen erzeugt werden.

Der Strahl wird über einen elektrostatischen Septumdeflektor, einen geteil-
ten kompensierten Kanal, der in einem der Beschleunigungssektoren untergebracht ist, und einen fokussierenden Magnetkanal, der den Strahl schräg über
die Magnetfeldkante leitet, aus dem Zyklotron extrahiert. Es können externe
Strahlströme von bis zu 10 /uA für Protonen und Deuteronen (0,45 bzw. 0,9 kW)
und bis zu 5 /uA für ^{3}He- und ^{4}He-Teilchen (0,7 bis 0,9 kW) erzeugt werden.
Die Gesamtextraktionsrate, bezogen auf die Intensität des Innenstrahls kurz
vor dem Septumdeflektor, liegt typischerweise zwischen 50 und 60 %.
Durch das externe Strahlführungssystem kann der Strahl wahlweise zu insgesamt zehn Experimentierplätzen in fünf verschiedenen Meßbunkern gelenkt werden. Dabei werden sowohl Experimentierplätze für Kernspektroskopieexperimen-
te als auch Experimentierplätze für Kernreaktionsexperimente genutzt. Zur Erzeugung von Radionukliden, die in der Grundlagenkernphysik und insbesondere
in der angewandten Kernphysik Verwendung finden, dienen zwei spezielle Targetstationen. Ein weiteres Beispiel (Kompaktzyklotron der KFA Jülich)ist in
/2.28/ beschrieben.

2.4.2 Synchrotron

Wird der Magnet, der sich beim Zyklotron über den gesamten Spiralbahndurch-
messer erstreckt und der die Teilchenbahn kreisförmig gestaltet, auf einen
Ringmagneten reduziert und setzt man an mehreren Stellen dieser Kreisbahn
Beschleunigungselektroden ein, so kann man erreichen, daß der Strahl im Gegensatz zum Zyklotron streng auf einer Kreisbahn bleibt. Man spart Kosten
und technischen Aufwand für riesige Magnete. Allerdings kommen Fokussierungs-
probleme hinzu, damit der Strahl in dem evakuierten Strahlrohr nirgends an
die Wand läuft und damit an Intensität verliert. Im Gegensatz zum Zyklotron
werden zur Erhaltung des Beschleunigungstaktes beim Synchrotron Frequenz und
Magnetfeld geändert (beim "normalen" Zyklotron war es nur die Frequenz). Beim
Elektronensynchrotron kann allerdings die Frequenz, mit der die Beschleuni-
gungsfelder variiert werden, konstant gehalten werden, weil Elektronen durch
sogenannte Einschußmaschinen, beispielsweise vom Typ Linac oder Van-de-Graaff,
schon auf Lichtgeschwindigkeit beschleunigt sind und im Synchrotron keine Ge-
schwindigkeitserhöhung mehr erreichen, sondern ihren Energiegewinn nur noch

durch Massenzunahme erzielen. Mit Synchrotrons sind Energien bis weit in den
GeV-Bereich erreichbar.

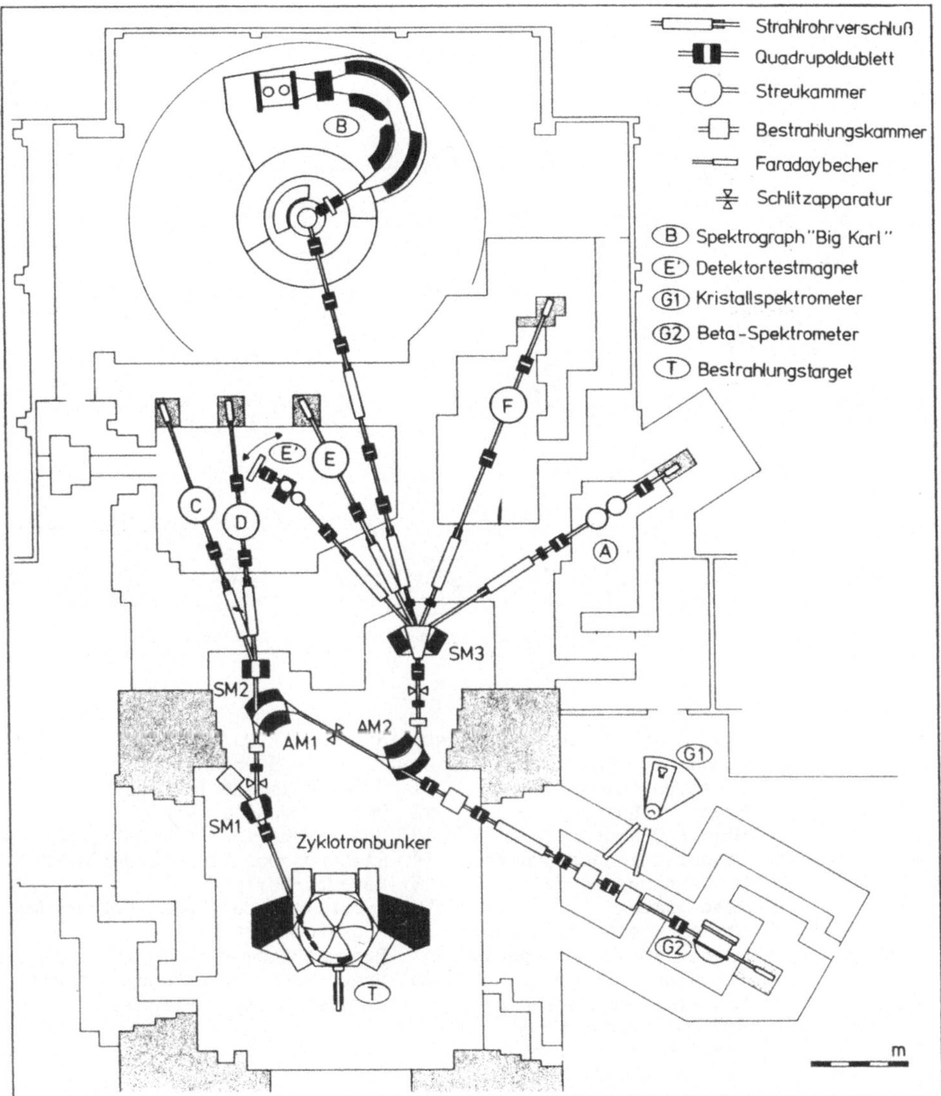

Fig. 2.9:   Isochronzyklotron JULIC der Firma AEG für wissenschaftliche Anwendungen /2.27/

Anwendungsbeispiel: 2,5 GeV-Elektronen-Synchrotron, Eigenbau der Universität Bonn (Fig. 2.10)

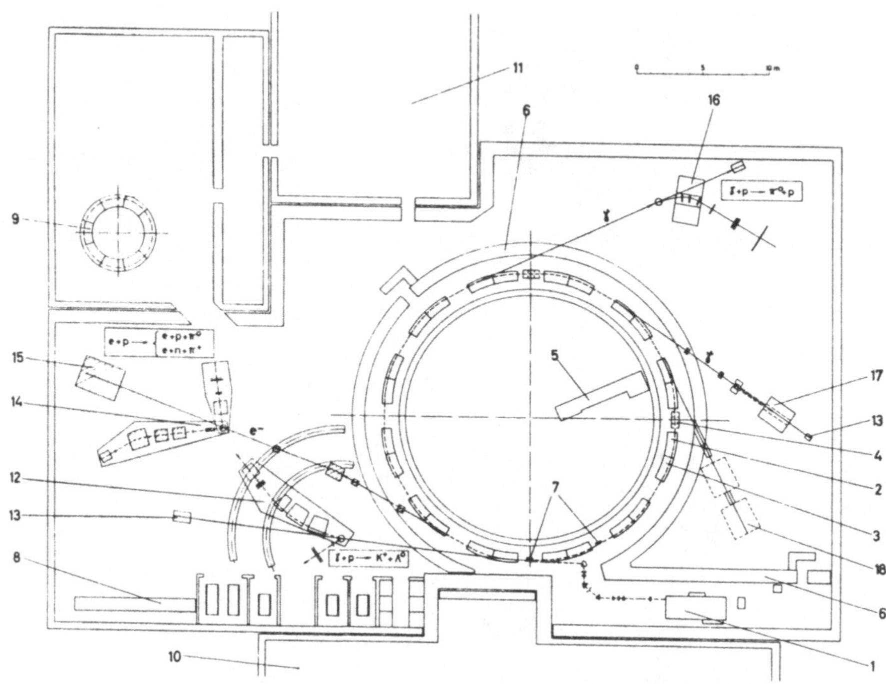

Fig. 2.10: 2,5 GeV-Synchrotron der Universität Bonn /2.29/
(Das 500 MeV-Synchrotron wurde im Jahr 1985 abgebaut)

1	Linearbeschleuniger	11	Physikalisches Institut
2	Magnet F-Sektor	12	Photoproduktion von K^+
3	Magnet D-Sektor	13	Quantameter
4	Beschleunigungsstrecke	14	Elektroproduktions-Experiment
5	Hochfrequenzsender	15	Faraday-Käfig
6	Abschirmung	16	Experiment zur Polarisation des
7	Stromschiene und Septum-		Rückstoß-Protons
	magnet für die langsame	17	Paarspektrometer
	Strahlauslenkung	18	Spektroskopische Messungen mit
8	Magnetstromversorgung		der Synchrotron-Strahlung
9	500 MeV-Synchrotron		
10	Institut für Strahlen-		
	und Kernphysik		

Als Einschußmaschine dient ein Linearbeschleuniger (Linac) der Firma Varian,
USA mit einer Maximalenergie von 25 MeV, einem maximalen Strahlstrom von 400
mA pro Puls und einer Pulslänge von 4 μs bei einer Pulsfrequenz von 50 Hz.
Ein elektronenoptisches System führt den Strahl vom Linearbeschleuniger in
den Ring und paßt gleichzeitig den Strahl so gut wie möglich an die Akzeptanz
des Synchrotrons an (200 mA pro Puls, Pulslänge: 3 μs). Die 12 stark fokussierenden Synchrotronmagnete erzeugen das Magnetfeld, das die Elektronen auf
einer kreisförmigen Bahn hält und sie gleichzeitig in horizontaler und verti-
kaler Richtung fokussiert. Die Beschleunigung geschieht mittels zweier Hohl-
raumresonatoren, die eine Spitzenspannung von 700 kV pro Umlauf und eine Be-
triebsfrequenz von ca. 500 MHz liefern. Die Hochfrequenzspannung wächst innerhalb eines Beschleunigungszyklus von 10 ms mit der Elektronenenergie an,
wobei zu Beginn des Beschleunigungszyklus die elektrische Feldstärke proportional zur zeitlichen Änderung des magnetischen Führungsfeldes sein muß: Durch
Synchrotronstrahlung erleiden die Elektronen einen Energieverlust (z.B. 325
keV pro Umlauf bei 2,3 GeV). Dieser Energieverlust muß durch ein Anwachsen
der elektrischen Feldstärke in den Resonatoren kompensiert werden. Die Summe
beider Effekte führt zu einem ganz bestimmten Verlauf der Beschleunigungsspannung in Abhängigkeit von der Zeit innerhalb der Beschleunigungsphase von
10 ms. Die Resonatoren werden von einem Klystron versorgt. Vor dem Ende des
Beschleunigungszyklus erreicht der Elektronenstrahl durch eine gezielte Störung der geschlossenen Bahn ein Wolframtarget zur Erzeugung von Bremsstrahlung
oder das Feld einer Stromschiene, das für eine tangentiale Auslenkung der Elektronen sorgt.
Das Synchrotron liefert also in Abständen von 20 ms (50 Hz) einen Elektronen-
puls mit einem Tastverhältnis von etwa 5 % (= 3 $\cdot$ 10^{12} Elektronen/s). Mit
Hilfe eines sog. Stretcherringes gelingt eine Erhöhung dieses Verhältnisses
auf nahezu 100 % und eine Nachbeschleunigung auf 3,5 GeV.

2.4.3   Mikrotron

Das Mikrotron ist wie der Linearbeschleuniger ein mikrowellenbetriebener Beschleuniger für Elektronen. Allerdings wird hier mit Hilfe eines einzelnen
Mikrowellenhohlraumresonators bei jedem Umlauf Energie auf Elektronenpakete
übertragen, die in einem homogenen Magnetfeld auf Kreisbahnen beschleunigt
werden. Der Durchmesser der Elektronenbahnen nimmt mit der Energie zu, bis
der Strahl aus dem Magnetfeld mit Hilfe eines das Magnetfeld abschirmenden
Strahlrohres herausgeführt wird. Der Energiegewinn im Mikrotron beträgt
0,511 MeV pro Umlauf und entspricht somit genau der Ruheenergie eines Elek-

trons.

Damit ist eine einfache Resonanzbedingung insofern gegeben, als jedem Be-
schleunigungsvorgang das Hinzufügen eines Energiebetrags von genau der Ruhemasse entspricht und das Magnetfeld so eingestellt werden kann, daß aufgrund
der Zyklotronresonanzbedingung eine n-fache Erhöhung der Energie auch eine
n-fache Verlängerung der Umlaufzeit bedeutet.
Damit erreicht man mit jeder Beschleunigungsphase ohne Modulation der Hochspannung am Hohlraumresonator eine Erhöhung der Elektronenenergie um ein
ganzzahliges Vielfaches der Elektronenruheenergie.
Das Mikrotron hat neben der Anwendung im naturwissenschaftlichen Bereich
durchaus berechtigte Aussichten, neben den schon etablierten Linearbeschleunigern in der Strahlentherapie eingesetzt zu werden.

Anwendungsbeispiel: Mikrotron vom Typ MM für strahlentherapeutische Anwendungen, Firma Scanditronix, Schweden (Fig. 2.11)

Medizinische Mikrotron-Beschleuniger vom Typ MM werden von der Firma Scanditronix für Maximalenergien von 10,14 und 22 MeV angeboten. Die Dosisleistung
ist vergleichbar mit derjenigen von Linearbeschleunigern, jedoch wird durch
diese Art der Beschleunigung eine erheblich bessere Energieschärfe des
Strahls erreicht. Die genau definierte Energie sowie die hohe Energieschärfe
des Mikrotronstrahls ermöglicht die Benutzung ausgedehnter Strahlführungs-
systeme, um den Elektronenstrahl vom Beschleuniger zum Behandlungsplatz zu
transportieren.
Aus diesem Grund ist es möglich, mit einem Mikrotron einen oder mehrere Behandlungsplätze zu versorgen. Da die Rüstzeit pro Patient beträchtlich länger als die Bestrahlungszeit selbst ist, können zur Steigerung der Wirtschaft-
lichkeit an einem Mikrotron mehrere Behandlungsplätze angeschlossen werden.
In diesem Fall sollte das Mikrotron in einem getrennten, mit ausreichendem
baulichen Strahlenschutz versehenen Maschinenraum aufgestellt werden. Von einem Schaltpult aus, das sich üblicherweise in der Nähe des Zugangs zum Bestrahlungsraum befindet, wird die Bestrahlung in jedem Behandlungsraum eingeschaltet und überwacht. Für jeden Behandlungsplatz ist also ein getrenn-
tes Schaltpult vorgesehen.
Alle anderen technischen Parameter der Bestrahlungseinheit sind vergleichbar
mit denjenigen, die an Elektronenlinearbeschleunigern schon realisiert sind.

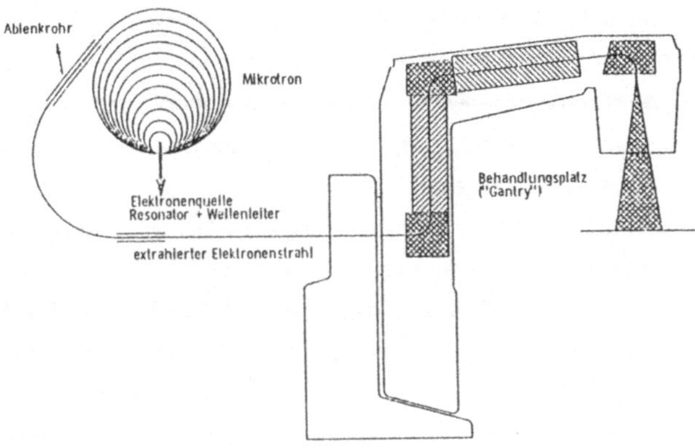

Fig. 2.11:   Elektronenkreisbeschleuniger vom Typ Mikrotron für die Strahlentherapie /2.30/

3.   Rechtliche Grundlagen   K. Ewen

3.1   Einführung

Beschleuniger gehören zu den sog. Anlagen zur Erzeugung ionisierender Strahlen. Ihr Betrieb und in speziellen Fällen sogar ihre Errichtung unterliegen
den Bestimmungen der Strahlenschutzverordnung (StrlSchV) /3.1/. Derartige
Anlagen sind nach Anlage I der StrlSchV ("Begriffsbestimmungen") Einrichtungen oder Geräte im Sinne des § 11 Abs. 1 Nr. 2 des Atomgesetzes (AtG) /3.2/,
die geeignet sind, Photonen- oder Teilchenstrahlung gewollt oder ungewollt
zu erzeugen.
In § 11 Abs. 1 Nr. 2 AtG ist festgesetzt, daß die Errichtung und der Betrieb
von Anlagen zur Erzeugung ionisierender Strahlen einer Genehmigung oder Anzeige bedürfen. Diese Forderung ist in den §§ 15 bis 20 StrlSchV explizit
realisiert worden.
Rein physikalisch gesehen, kann man mit derartigen Anlagen nur geladene Teilchen beschleunigen, z.B. Elektronen und Ionen, die aber dann beim Auftreffen
auf Materie Sekundärprodukte wie Bremsstrahlung und γ-Strahlung bzw. weitere
geladene Teilchen (z.B. Mesonen) oder ungeladene Teilchen (z.B. Neutronen)
erzeugen können. Auch bei der Umlenkung geladener Teilchen, z.B. in Kreis-
beschleunigern, entsteht sekundäre Photonenstrahlung. Dies ist sicherlich

in vielen Fällen ungewollt, weil sie - wie das Beispiel der Synchrotronstrahlung zeigt - zu erheblichen Energieverlusten während des Beschleunigungsvorgangs besonders bei Elektronen führt. Inzwischen sind auch positive Aspekte
der Synchrotronstrahlung sowohl in der rein naturwissenschaftlichen als auch
in der medizinischen Anwendung entdeckt worden, so daß man mit Synchrotrons
auch gewollt diese Strahlenart erzeugt.

In § 1 StrlSchV ist deren Geltungsbereich definiert. Was den Betrieb und die
Errichtung von Beschleunigern angeht, so kann dort Abs. 1 Nr. 3 zitiert werden: Die Verordnung (gemeint ist die StrlSchV) gilt für die Errichtung und
den Betrieb von Anlagen zur Erzeugung ionisierender Strahlen mit einer Teil-
chen- oder Photonenenergie von mindestens 5 keV einschließlich der Störstrahler, die bestimmungsgemäß geladene Teilchen erzeugen, ausgenommen Elektronen
bis zu einer Energie von 3 MeV (Text der 2. Verordnung zur Änderung der
StrlSchV /3.3/).

Photonenstrahlung in Form von Bremsstrahlung erzeugt man am sinnvollsten mit
Elektronenbeschleunigern ähnlich wie in einer Röntgenröhre, so daß der Wert
der Photonengrenzenergie in diesem Fall identisch ist mit der Energie der
beschleunigten Elektronen zum Zeitpunkt des Targetaufpralls.

Nun existiert parallel zur Strahlenschutzverordnung in der Bundesrepublik
Deutschland eine weitere Verordnung, die Röntgenverordnung (RöV) bzw. die
1. Verordnung zur Änderung der RöV /3.4/. Diese gilt nach § 1 für Röntgeneinrichtungen und Störstrahler, in denen Röntgenstrahlen mit einer Grenzenergie von mindestens 5 keV durch beschleunigte Elektronen erzeugt werden können und bei denen die Beschleunigung der Elektronen auf eine Energie von
3 MeV begrenzt ist.

Röntgeneinrichtungen, genau genommen auch zu den Beschleunigern gehörend,
sollen hier nicht weiter besprochen werden, wohl aber die Störstrahler. Diese sind nach § 2 RöV Geräte oder Vorrichtungen, die Röntgenstrahlen erzeugen, ohne daß sie zu diesem Zweck betrieben werden. Daraus müßte man schlies-
sen, daß der Betrieb von Elektronenbeschleunigern mit Maximalenergien nicht
über 3 MeV sowohl von der RöV als auch von der StrlSchV abgedeckt werden
könnte, was atomrechtlich nicht praktikabel wäre und daher rechtlich auszuschließen ist. Endgültige Klarheit liefert der Text des geänderten § 1
Abs. 1 Nr. 3 der 2. Verordnung zur Änderung der StrlSchV /3.3/, der explizit Elektronenbeschleuniger bis zu einer Energie von 3 MeV aus dem Geltungsbereich der StrlSchV herausnimmt und ihren Betrieb unter die Bestimmungen
des § 5 RöV ("Betrieb von Störstrahlern") fallen läßt.

Tab. 3.1 faßt die atomrechtlichen Geltungsbereiche zusammen.

Beschleunigertyp		geltende Verordnung
Elektronenbeschleuniger (Maximalenergie: 3 MeV)	B	RöV
Elektronenbeschleuniger (Maximalenergie: > 3 MeV)	B und E	StrlSchV
Ionenbeschleuniger (Energie: $\geq$ 5 keV)	B und E	StrlSchV

Tab. 3.1:   Atomrechtliche Geltungsbereiche für den Betrieb (B)
und die Errichtung (E) von Beschleunigern

3.2   Die wichtigsten Bestimmungen der StrlSchV für den Betrieb von Beschleunigern

Die Strahlenschutzverordnung vom 13.10.1976 steht zur Novellierung an, wobei aber der Betrieb und die Errichtung von Beschleunigern davon nur unwesentlich berührt werden wird /3.3/. Insofern kann man davon ausgehen, daß die hier kommentierten Bestimmungen in kaum modifizierter Form auch in der novellierten Fassung der StrlSchV erscheinen werden. Nachfolgend sind die wichtigsten Bestimmungen der StrlSchV für den Betrieb von Beschleunigern zusammengefaßt:

Paragraph	periphere Bestimmungen, Regelungen, etc.	Inhalt der Bestimmungen
§§ 15 bis 19	"Merkpostenliste" /3.5/	Genehmigung für Errichtung und Betrieb, Anzeige des Betriebs
§ 20 in Verb. mit § 62 Abs. 2	Strahlenpaß nach Anl. XII StrlSchV	Tätigkeit in fremden Anlagen (z.B. Gastwissenschaftler)
§ 29 bis 31	Richtlinie über die Fachkunde im Strahlenschutz /3.6/	Strahlenschutzverantwortliche, Strahlenschutzbeauftragte
§ 39	Richtlinie "Strahlenschutz in der Medizin" /3.7/	Belehrung
§ 42		Anwendung ionisierender Strahlen in der Heilkunde (Strahlentherapie)
§ 43		Aufzeichnungen über Patienten (Strahlentherapie)

Paragraph	periphere Bestimmungen, Regelungen, etc.	Inhalt der Bestimmungen
§§ 44 bis 46	"Richtlinie über Ausbreitungsrechnungen /3.8/	Dosisgrenzwerte für außerbetriebliche Überwachungsbereiche und für Bereiche, die nicht Strahlenschutzbereiche sind; Schutz von Luft, Wasser und Boden
§ 49, 51	Für medizinische Beschleuniger: DIN 6847 /3.9/	Dosisgrenzwerte für beruflich strahlenexponierte Personen und für Personen im betrieblichen Überwachungsbereich
§§ 57 bis 61		Strahlenschutzbereiche (Sperr- und Kontrollbereiche, Bestrahlungsräume, Überwachungsbereiche, Ortsdosismessungen)
§§ 62, 63	2 Richtlinien zu §§ 62, 63 /3.10/, /3.11/	Physikalische Strahlenschutzkontrolle (u.a. Ermittlung der Körperdosen)
§ 67	Liste der ermächtigten Ärzte /3.12/	Erfordernis der ärztlichen Überwachung
§§ 72, 73	Eichgesetzgebung /3.13/, Gesetz über Einheiten im Meßwesen /3.14/	Strahlenmeßgeräte (Anforderungen an Strahlungsmeßgeräte, Warnsignale)
§ 76	Rahmenrichtlinie zu § 76 /3.15/, Liste der behördlich bestimmten Sachverständigen /3.16/	Jährliche Wartung und Überprüfung durch den Sachverständigen

3.2.1 Genehmigungsverfahren

Der Betrieb nahezu aller Beschleuniger muß von der zuständigen Behörde genehmigt werden, sei es als niederenergetischer Elektronenbeschleuniger nach § 5 der RöV oder sonst nach § 16 der StrlSchV. Nur wenige Anlagen dürfen genehmigungsfrei, d.h. per Anzeige nach § 17 der StrlSchV betrieben werden, und zwar betrifft diese erleichternde Bestimmung Ionenbeschleuniger, bei denen in 10 cm Abstand eine Ortsdosisleistung von nicht mehr als 10 μSv/h gemessen wird und die nicht mehr als 500 Neutronen pro s erzeugen können (§ 17 Abs. 1 Nr. 2) sowie Ionenbeschleuniger, bei denen die Ortsdosisleistung 1 μSv/h nicht überschreiten kann und nicht mehr als 50 Neutronen pro s erzeugt werden können (§ 17 Abs. 2 Nr. 2) /3.3/. Auf der anderen Seite sind Anlagen denkbar,

bei denen nicht nur der Betrieb sondern auch vorher deren Errichtung genehmigt werden muß. Es handelt sich nach § 15 StrlSchV um Anlagen mit hohen
Strahlleistungen, Endenergien oder Neutronenflüssen, deren Emissionen zur
Strahlenexposition in Bereichen führen können, die nicht Strahlenschutzbereiche sind. Das kann durch direkte Strahleneinwirkungen, hauptsächlich aber
durch Ableitung radioaktiver Stoffe mit Luft und Wasser geschehen. Dementsprechend sind die Genehmigungsvoraussetzungen für die Errichtung in § 18
StrlSchV formuliert:
Der Errichter muß einen Strahlenschutzbeauftragten mit Nachweis der Fachkunde
benennen und er muß der Genehmigungsbehörde nachweisen können, daß seine zu
errichtende Anlage imstande ist, die Bestimmungen der §§ 44 bis 46 einzuhalten. Derartige Abschätzungen und Rechnungen können durchaus schwierig sein,
wobei die Belange des Strahlenschutzes z.B. bezüglich der Emission radioaktiver Stoffe über den Luftpfad ggf. durch Ausbreitungsrechnungen /3.8/ überprüft werden müssen. Die Genehmigungsbehörde wird daher weitgehend von der
Möglichkeit der Hinzuziehung eines Sachverständigen nach § 20 AtG Gebrauch
machen. Der Errichter darf also erst dann mit seiner Arbeit beginnen, wenn
die Genehmigungsbehörde eine Errichtungsgenehmigung mit entsprechenden Auflagen formuliert hat. Ein Elektronenbeschleuniger mit einer Maximalenergie
von nicht mehr als 3 MeV, dessen Betrieb den Bestimmungen der RöV unterliegt,
benötigt keine Errichtungsgenehmigung.
In § 19 StrlSchV sind die Genehmigungsvoraussetzungen für den Betrieb formuliert.
Der Betreiber muß eine für die sichere Ausführung des Betriebs notwendige
Anzahl an Strahlenschutzbeauftragten mit Angabe ihres innerbetrieblichen Ent-
scheidungsbereiches und Nachweis ihrer Fachkunde im Strahlenschutz benennen
(s. auch §§ 29 bis 31 StrlSchV). In der Regel wird die Benennung eines einzigen Strahlenschutzbeauftragten nicht ausreichen, denkt man an die notwendigen Vertretungen, z.B. für Urlaub, Mehrschichtbetrieb etc.. § 19 Abs. 2 weist
explizit auf die besonderen Gegebenheiten des medizinischen Betriebes hin
und verlangt als Strahlenschutzbeauftragten nicht nur einen Arzt,sondern
auch einen besonders ausgebildeten Physiker oder eine hinreichend ausgebil-
dete sonstige Person. Die Richtlinie "Strahlenschutz in der Medizin" /3.7/
geht detailliert auf die Stellung und Aufgaben der Strahlenschutzbeauftragten beim Betrieb medizinischer Beschleuniger ein, spricht auch die in diesem
Zusammenhang oft diskutierte Vertretungsfrage an und beschreibt eingehend
den Weg zur Fachkunde im Strahlenschutz für Mediziner und Nichtmediziner. Zu-

ständige Behörden für die Erteilung der Fachkunde sind für Ärzte die Ärzte-
kammern und für Nichtmediziner ("Physiker") die Genehmigungsbehörden.
Die Regelung der administrativen Seite des Strahlenschutzes gibt beim Betrieb
medizinischer Beschleuniger mehr Anlaß zu Diskussionen als das im nichtmedizinischen Bereich der Fall ist. Die schwierige Aufgabe, Tumore mit ionisierenden Strahlen möglichst stark zu schädigen bei gleichzeitiger optimaler
Schonung des umliegenden gesunden Gewebes,verlangt neben der Bereitstellung
entsprechend ausgelegter peripherer Einrichtungen (s. Abschn. 6.2) einen
hohen personellen Aufwand auf medizinischer und nichtmedizinischer Seite. Insofern sollen an dieser Stelle diesbezügliche Organisationsformen beim Betrieb medizinischer Beschleuniger ausführlich diskutiert werden.
Strahlenschutzverantwortlicher ist der Betreiber des Beschleunigers, in einem
Krankenhaus oft repräsentiert durch den Verwaltungsleiter oder in einer Universitätsklinik durch den Kanzler. Dieser muß eine notwendige Anzahl von
Strahlenschutzbeauftragten bestellen, deren innerbetriebliche Entscheidungs-
bereiche auf den medizinischen und auf den physikalisch-technischen Sektor
aufgeteilt sein müssen /3.17/. Nach außen hin vertritt allerdings der Arzt
den gesamten Bereich und damit auch die Belange des Physikers. Die größte
Problematik liegt in der Vertretung des Physikers, da sich die Betreiber in
der Regel nicht zur Einstellung eines zweiten Physikers entschließen können.
Auf der anderen Seite ist es oft schwierig, einen Physiker mit der nach
Richtlinie "Strahlenschutz in der Medizin" geforderten Fachkunde im Sinne
der Strahlenschutzverordnung zu finden (Fachkunde = Sachkunde, d.h. 24 Mona-
te Arbeit an Gammabestrahlungsanlagen und Beschleunigern mit mindestens 6
Monaten an Beschleunigern, und Kurs im Strahlenschutz). Folgende Lösungen
werden praktiziert:

1. An einer Beschleunigeranlage sind mindestens zwei Physiker tätig.
2. Als Mitarbeiter des Physikers übernehmen ein Ingenieur oder sogar mehrere Ingenieure, die ständig unter der Leitung des Physikers arbeiten,die
   Mitverantwortung und die Vertretung für den Physiker.
   Bei diesen beiden Lösungen müssen die Verantwortungsbereiche klar abge-
   grenzt werden. Der personelle Aufwand wird in der Regel gerechtfertigt
   durch die gegebene Ausweitung der Tätigkeit der Mitarbeiter auf andere
   Gebiete. Beispiele dafür sind: Nuklearmedizin, Diagnostik und Therapie
   mit Röntgenstrahlen und Organisation des Strahlenschutzes.
3. Bei örtlich nah zueinandergelegenen Instituten ist unter Umständen für
   kurze Zeiträume eine gegenseitige Vertretung der Physiker möglich. Da-

bei muß der vertretende Physiker nicht Angestellter des Betreibers sein,
er kann für diesen auch vertraglich tätig werden.
Jedoch birgt dieser Weg zur Lösung der Vertretungsfrage gewisse Schwierigkeiten. Hier seien nur die Kenntnis des Beschleunigerverhaltens und
des Betriebsablaufes in der "fremden" Klinik und die Abstimmung von
Urlaubs- und Fortbildungszeiten genannt.
Fig. 3.1 zeigt einen Überblick über die personellen und organisatorischen
Forderungen der Richtlinie "Strahlenschutz in der Medizin".
Der zukünftige Betreiber muß der Genehmigungsbehörde neben der Ausfüllung
einer sog. Merkpostenliste /3.5/ Unterlagen einreichen, die Rückschlüsse auf
den baulichen und gerätetechnischen Strahlenschutz zulassen (vgl. §§ 57 bis
61 und speziell für medizinische Elektronenbeschleuniger die DIN 6847 /3.9/),
wobei besonders eine Beschreibung der Anlage und ihres Betriebs sowie Maßnahmen zur Reinhaltung der Luft, des Wassers und des Bodens (vgl. §§ 44 bis
46 StrlSchV) interessieren. Die Genehmigungsbehörde erstellt dann einen Genehmigungsbescheid mit entsprechenden Auflagen und zu erfüllenden Maßnahmen,
unter anderem mit der Aufforderung, die Anlage vor Inbetriebnahme von einem
Sachverständigen überprüfen zu lassen. Die Überprüfung auf Einhaltung der
Genehmigungsauflagen unterliegt den Aufsichtsbehörden (in den meisten Bundesländern den Staatl. Gewerbeaufsichtsämtern).
Durchaus nicht selten ist die Erteilung von befristeten Betriebsgenehmigun-
gen nach § 19 Abs. 4 StrlSchV /3.3/. Oft läßt sich erst während eines Probe-
botriobo überoehen, woloho Strohlonoohutzmaßnahmon oinzuloiton oind, woil
Ortsdosis- und Aktivitätsmessungen in vielen Fällen leichter durchführbar
sind und genauere Ergebnisse liefern als entsprechende Berechnungen.
Eine spezielle Situation entsteht bei der Inbetriebnahme von medizinischen
Beschleunigern, da dies sozusagen in drei Phasen abläuft:
Phase 1: Errichtung der Anlage durch die Lieferfirma und Messungen zum
          Nachweis der Erfüllung aller Spezifikationen.
Phase 2: Messungen des Physikers zur Bereitstellung der für die Therapie
          erforderlichen Daten.
Phase 3: Beginn der Patientenbestrahlungen (vgl.dazu auch §§ 42, 43 StrlSchV).
Genehmigungsbehörden im Land NW praktizieren ein Genehmigungsverfahren, das
dieser abgestuften Inbetriebnahme eines medizinischen Beschleunigers Rech-
nung trägt.
Die StrlSchV kann nach § 20 StrlSchV sogar von demjenigen eine Genehmigung
verlangen, der unter seiner Aufsicht stehende Personen in fremden, nach § 16

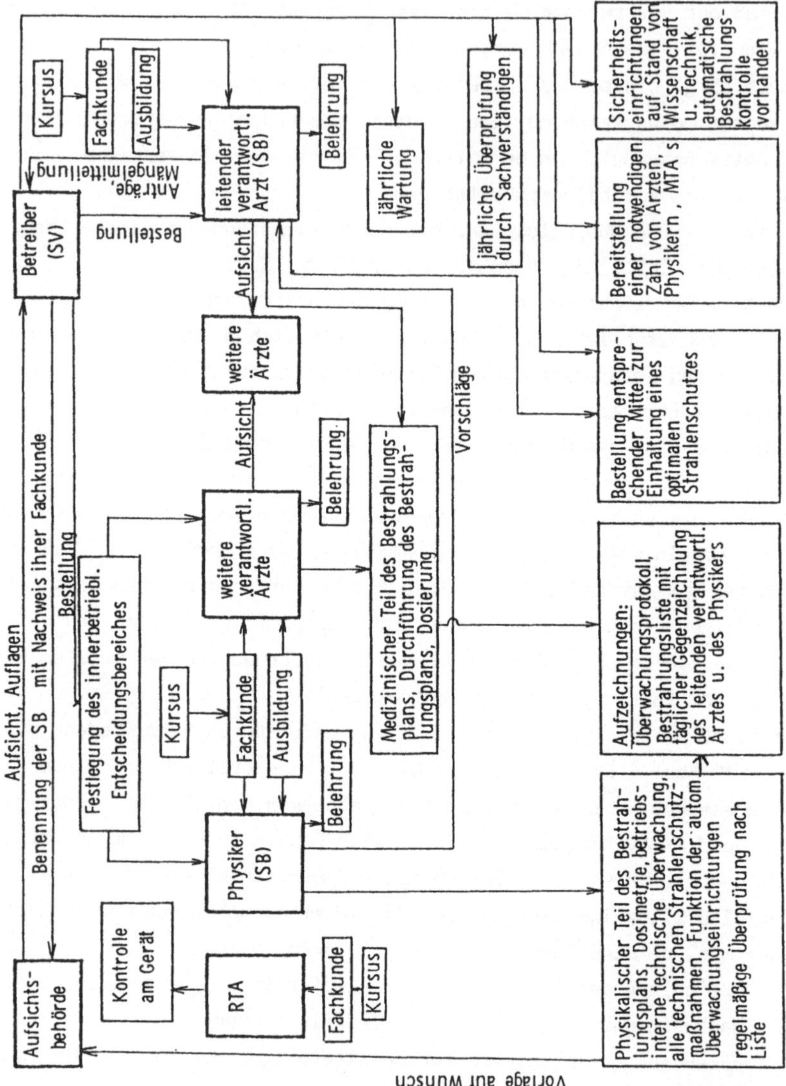

Fig. 3.1:   Personelle und organisatorische Verknüpfungen und Voraussetzungen für den Betrieb eines Beschleunigers in der Medizin (SV = Strahlenschutzverantwortlicher, SB = Strahlenschutzbeauftragter, RTA = Rad.-Techn. Assistent, MTA = Med.-Techn. Assistent) /3.18/

zu genehmigenden Beschleunigeranlagen als beruflich Strahlenexponierte tätig
werden läßt. Diese Bestimmung betrifft zum Beispiel die Arbeit von Gastwissen-
schaftlern, die außerdem nur als Besitzer eines Strahlenpasses in Kontroll-
und Sperrbereichen beruflich strahlenexponiert tätig sein dürfen.
Eine Betriebsgenehmigung nach § 5 RöV wird übrigens in ähnlicher Form formuliert sein und ablaufen wie das nach § 16 StrlSchV der Fall ist.

3.2.2   Sachverständigenprüfungen

Nach § 76 StrlSchV sind Beschleunigeranlagen jährlich mindestens einmal zu
warten und zwischen den Wartungen durch einen von der zuständigen Behörde zu
bestimmenden Sachverständigen auf sicherheitstechnische Funktion, Sicherheit
und Strahlenschutz zu überprüfen. Diese Bestimmung gilt nicht für die unter
§ 17 StrlSchV fallenden Anlagen /3.3/.
In einer sog. Rahmenrichtlinie zu Überprüfungen nach § 76 StrlSchV /3.15/,die
auch Bestrahlungseinrichtungen mit radioaktiven Quellen (Definition in Anl. I
StrlSchV) umfaßt, ist der Umfang der Überprüfungen festgelegt. Im übrigen
wird in dieser Richtlinie explizit betont, daß es sich bei den zu überprüfen-
den Anlagen zur Erzeugung ionisierender Strahlen nur um solche handelt, deren Betrieb nach § 16 StrlSchV genehmigungspflichtig ist. Der ursprüngliche
Text des § 76 StrlSchV schloss allerdings die nach § 17 StrlSchV genehmi-
gungsfreien Anlagen nicht aus, was sachlich kaum gerechtfertigt war. Die 2.
Verordnung zur Änderung der StrlSchV /3.3/ hat diese Situation bereinigt, so
daß § 17-Anlagen von der Bestimmung des § 76 ausgenommen sind.
In der Rahmenrichtlinie unterscheidet man zwischen medizinischen und nichtmedizinischen Beschleunigeranlagen. Es wird zwar betont, daß sich im medizinischen Bereich die Überprüfung nicht auf die Bestrahlungsplanung und andere, ausschließlich den einzelnen Patienten betreffende Sachverhalte erstreckt,
jedoch läßt sich eine Kollision zwischen den Tätigkeiten des Physikers (siehe
Abschn. 3.1.2 in der Richtlinie "Strahlenschutz in der Medizin" /3.7/, hier
z.B. betriebsinterne technische Überwachung und strahlenschutztechnische
Sicherheitsmaßnahmen) und dem Überprüfungsprogramm des Sachverständigen nicht
ganz vermeiden.
Nachfolgend ist der Umfang der § 76-Überprüfungen stichwortartig zusammengefaßt:
I. Beschreibung der Anlage (Betreiber, Standort, Aufbau, Betriebsweise)
II. Zustandsprüfung durch Sichtkontrolle
    a) Medizinische Beschleuniger (Beschaffenheit von Abschirmungen, Ab-

           sperrungen, Strahlrichtungsblockierungen, gerätetechnische Abschir-
           mungen, Sicherheitskreis, Dosismonitor, Bedienungs- und Anzeigeele-
           mente, Patientenlagerungstisch, Lüftungseinrichtung, Kennzeichnung
           nach StrlSchV)

     b) Nichtmedizinische Beschleuniger (Beschaffenheit von Abschirmungen,
           Bedienungs- und Anzeigeelemente, Sicherheitskreis, Strahlführung,
           Lüftungs- und Abwassersysteme, Kennzeichnung nach StrlSchV)

III. Funktionsprüfungen

     a) Medizinische Beschleuniger (Einzelfunktionen, Funktionsabläufe und
           -anzeigen im Sinne der DIN 6847 Teil 1 /3.9/, eventuell: Lüftungs-
           systeme)

     b) Nichtmedizinische Beschleuniger (Personensicherheitssysteme, Strahl-
           überwachungssystem, Enstehung radioaktiver Stoffe in fester, flüs-
           siger und gasförmiger Form, ortsfeste und ortsbewegliche Meßgeräte,
           eventuelle Änderungen am baulichen Strahlenschutz)

IV. Sonstige Sicherheitsaspekte (Brand- und Explosionsschutz, Störmaßnah-
     men Dritter)

Grundlage für die jährlich durchzuführenden Überprüfungen durch den Sachverständigen wird der Bericht über die Erstabnahme im Rahmen der Betriebsgenehmigung nach § 16 StrlSchV sein. Man wird anstreben, daß das o.g. § 76-Über-
prüfungsprogramm in der Abnahmeprüfung integriert und als solches in dem betreffenden Bericht auch optisch erkennbar ist.
Die RöV sieht jährliche Sachverständigenprüfungen nicht vor. Die Genehmigungsbehörden im Land NW schreiben aber als Auflage in der Genehmigung nach § 5
RöV - falls sachlich erforderlich - in Anlehnung an § 76 StrlSchV eine diesbezügliche Überprüfung vor.

3.3   Periphere Rechtsvorschriften

3.3.1   Eichgesetzgebung

Im Jahr 1969 wurde das Gesetz über Meß- und Eichwesen (Eichgesetz) erlassen,
das seitdem mehrfach geändert und durch eine ebenfalls mehrfach geänderte
Ausführungsverordnung ergänzt worden ist /3.13/. Was die radiologischen Belange dieser inzwischen selbst für Fachleute unübersichtlich gewordenen Eichgesetzgebung betrifft, so kann dazu folgendes zusammengefaßt werden:
Die 2. Verordnung über die Eichpflicht von Meßgeräten vom 6. Aug. 1975 gilt
für "bestimmte" Strahlenschutzdosimeter ab 1.1.1977 und für "bestimmte" kli-

nische Dosimeter ab 1.1.1980. Übergangsregeln erlaubten es, daß vier Jahre
nach diesem Einsetzen der Eichpflicht Strahlenschutzdosimeter ungeeicht wei-
terverwendet werden dürfen, wenn sie am Datum des Eichgesetzes der Eichpflicht schon in Gebrauch waren (d.h. bis 31.12.1980).
Mit "bestimmten" Strahlenschutzdosimetern sind nur nicht-ortsfeste Orts- und
Personendosimeter für den Energiebereich von ganz oder teilweise 5 keV bis
3 MeV gemeint, die aufgrund gesetzlicher Bestimmungen verwendet werden. Als
gesetzliche Bestimmungen kommen natürlich die StrlSchV und die RöV infrage,
aber auch diesbezügliche Auflagen in einem Genehmigungsbescheid.
In der Verordnung zur Änderung der 2. und 3. Verordnung über die Eichpflicht
von Meßgeräten vom 21. Dez. 1979 werden die "bestimmten" klinischen Dosimeter als "Therapiedosimeter" definiert, die bei der Behandlung von Patienten
mit Photonenstrahlen von außen im Energiebereich zwischen 5 keV und 3 MeV
verwendet werden. Die Übergangsregelung wurde dahingehend erweitert, daß derartige Dosimeter bis zum 31.12.1985 ungeeicht verwendet werden dürfen, wenn
sie schon am 1.1.1983 in Gebrauch waren.
Diese Verordnung hat auch die Eichpflicht für ortsfeste Strahlenschutz-Meßsysteme (sog. ODL-Systeme) zur kontinuierlichen Messung der Ortsdosisleistung
oder Ortsdosis von Photonenstrahlen im Energiebereich 5 keV bis 3 MeV ab
1.1.1983 eingeführt. Als Übergangsregelung für ODL-Systeme, die bereits vor
dem 1.1.1983 im Verkehr waren, ist die allgemeine Zulassung zur Eichung vorgesehen, wenn diese Systeme der Eichordnung, Allgemeine Vorschriften und einer Anlage 23 "Strahlenschutzdosimeter" Abschn. 1 entsprechen /3.13/.
Die Eichgültigkeitsverordnung /3.13/ legt die Gültigkeitsdauer einer Eichung
fest. Diese beträgt zum Beispiel für Strahlenschutzdosimeter und Therapiedosimeter mit geeigneter Kontrollvorrichtung 6 Jahre, wenn der Benutzer in
jedem Meßbereich des Dosimeters Kontrollmessungen ausführt und ihre Ergebnisse aufzeichnet, sonst nur 2 Jahre. Zuständige Behörden sind die Eichämter
in den einzelnen Bundesländern.
Speziell zur Anwendung der Eichgesetzgebung beim Betrieb von Beschleunigern
muß noch auf folgende Probleme hingewiesen werden:
1. Die Eichgesetzgebung betrifft nur Photonenstrahlung. Elektronen- oder
    Neutronendosimeter sind davon auszuschließen.
2. Viele Beschleuniger, z.B. alle medizinisch genutzten Elektronenbeschleu-
    niger, erzeugen Photonen mit wesentlich höheren Energien als 3 MeV, so
    daß Therapiedosimeter streng genommen nur für den Umgang mit γ-Strahlern
    wie ^{60}Co oder ^{137}Cs von der Eichgesetzgebung tangiert werden.

3. Aus dem Text der 2. Verordnung über die Eichpflicht könnte aufgrund des
   Wortes "teilweise" abgeleitet werden, daß Orts- und Personendosimeter
   im Zusammenhang mit höherenergetischen Beschleunigern ebenfalls geeicht
   sein müßten, da es sich bei der Photonenstrahlung > 3 MeV immer um Bremsstrahlung handelt, diese auch Anteile $\leq$ 3 MeV enthält und außerdem
   meistens hinter Abschirmungen gemessen wird, wo man, bedingt durch Streu-
   effekte, auch mehr weichere Strahlung erwarten sollte.

Im Zusammenhang mit dem Betrieb von Beschleunigern sind folgende Bestimmungen der StrlSchV von der Eichgesetzgebung betroffen:

(1)   im Rahmen von Genehmigungsauflagen (§§ 16, 19 Abs. 4),

(2)   Tätigkeiten von Sachverständigen bei Abnahmeprüfungen (z.B. §§ 16, 19
      Abs. 4) oder jährlichen Prüfungen (§ 76),

(3)   Umgebungsüberwachung (§ 48),

(4)   Ortsdosismessungen in Strahlenschutzbereichen (§ 61 Abs. 1),

(5)   Messung der Ortsdosis/Ortsdosisleistung (und eventuell der Personen-
      dosis) im Rahmen der Bestimmung der Körperdosis (§ 63 Abs. 1).

Die nachfolgende Tabelle gibt einen Überblick über die Art der Dosimeter, die
beim Betrieb von Hochenergiebeschleunigertypen (hier: > 3 MeV) üblich sind:

Beschleunigertyp	Ortsdosimeter	Personendosimeter
medizinischer Elektronen- beschleuniger	tragbares Photonen- dosimeter	amtliches Dosimeter (evtl.:jederzeit ab- lesbares Dosimeter)
medizinisches Zyklotron zur Neutronen- und Radio- nukliderzeugung	tragbares Photonen- und Neutronendosime- ter, ODL-System für Photonen und Neutro- nen, Kontaminations- monitor	amtliches Dosimeter und jederzeit ab- lesbares Dosimeter
nichtmedizinischer Elek- tronenbeschleuniger (außer Synchrotron)	tragbares Photonen- dosimeter (evtl.: ODL-System für Photonen)	amtliches Dosimeter (evtl.: jederzeit ab- lesbares Dosimeter)
Synchrotron	tragbares Photonen- dosimeter (evtl.: tragbares Neutronen- dosimeter), ODL-Sys- teme für Photonen und Neutronen (evtl.: Kontaminationsmonitor)	amtliches und jeder- zeit ablesbares Dosi- meter
nichtmedizinische Ionen- beschleuniger	wie medizinisches Zyklotron!	

Die o.g. Tabelle läßt erkennen, daß in vielen Fällen nicht nur Photonendosimeter (die dem Eichgesetz unterliegen könnten),sondern auch andere Systeme,
für die das Eichgesetz nicht gilt, eingesetzt werden. Oft bilden ODL-Systeme für Photonen und Neutronen regelrechte Einheiten, von denen dann ein Teil
ungeeicht, der andere Teil geeicht betrieben werden müßte. Dies wären sicherlich zunächst nur rein pragmatische Argumente gegen die Eichung derartiger
Systeme.
Ein gewichtiges physikalisches Argument gegen die Eichung von Dosimetern für
den Betrieb von Hochenergiebeschleunigern ist folgendes:
Es läßt sich experimentell nachweisen /3.19/, daß die Bremsstrahlungsspektren,
z.B. von medizinischen Elektronenlinearbeschleunigern hinter Betonabschirmun-
gen, eine ähnliche Form aufweisen wie diejenigen vor der Abschirmung bzw. daß
sie sogar aufgehärtet sind, ein Effekt, der auch bei niederenergetischer
Röntgenstrahlung üblich ist.
Es erscheint demnach völlig sinnlos zu sein, diesbezügliche Dosimeter eichen
zu wollen, wenn man nicht annähernd die für Hochenergiebeschleuniger typischen Photonenstrahlenquellen zur Verfügung hat. Eine Eichung zum Beispiel
mit der γ-Strahlung von ^{137}Cs wäre nicht nur sinnlos,sondern unter Umständen
insofern nicht ganz ungefährlich, als man dem Benutzer eine richtige Dosime-
teranzeige für einen Bereich suggerieren würde, der nicht annähernd durch
die Eichung erfaßt worden ist. Man kann nicht von der Empfindlichkeit eines
Photonendosimeters im Bereich um 1 MeV auf das Verhalten z.B. bei 10 MeV ex-
trapolieren.
Insofern sollte man Photonendosimeter für Hochenergiebeschleuniger solange
von der Eichung ausschließen, bis die zuständigen Eichämter über entsprechende Photonenstrahlenquellen verfügen.

3.3.2   Gesetzgebung zu den Einheiten im Meßwesen

Ähnlich wie die Eichgesetzgebung muß auch die Gesetzgebung zu den Einheiten
im Meßwesen als nicht ganz leicht durchschaubar bezeichnet werden. Das Gesetz über Einheiten im Meßwesen vom 2. Juli 1969, erst recht die Ausführungs-
verordnungen zu diesem Gesetz sind inzwischen mehrfach geändert worden /3.14/.
Zusammenfassend und erläuternd wirkt in dieser Hinsicht der Entwurf der Norm
DIN 6814 Teil 3 vom November 1983 "Begriffe und Benennungen in der radiologischen Technik, Dosisgrößen und Dosiseinheiten" /3.20/. In der 2. Verordnung zur Änderung der Ausführungsverordnung /3.14/ wurden folgende radiolo-

gische abgeleitete SI-Einheiten[x] eingeführt:

radiologische Größe	alte Einheit	SI-Einheit	Umrechnung
Aktivität	Curie (Ci)	Becquerel (Bq)	$1\ Bq \mathrel{\hat=} 1\ s^{-1} \mathrel{\hat=} 0{,}27\ 10^{-10}\ Ci$
Energiedosis, Kerma	Rad (rd)	Gray (Gy)	$1\ Gy \mathrel{\hat=} 100\ rd$
Ionendosis	Röntgen (R)	$\dfrac{Coulomb\ (C)}{Kilogramm\ (kg)}$	$1\ C/kg \mathrel{\hat=} 3{,}88\ 10^{3}\ R$

Mit der 3. Verordnung zur Änderung der Ausführungsverordnung /3.14/ wurde
das Sievert als SI-Einheit der Äquivalentdosis eingeführt:

Äquivalentdosis	Rem (rem)	Sievert (Sv)	$1\ Sv \mathrel{\hat=} 100\ rem$

Bis 31.12.1985 dürfen die alten Einheiten ebenfalls benutzt werden; von diesem Zeitpunkt aber nur noch die neuen SI-Einheiten.
Von praktischer Bedeutung ist die Tatsache, daß die Eichgesetzgebung bei
Orts- bzw. Personendosimetern, die eine "Äquivalentdosis für Weichteilgewebe" an einem bestimmten Ort bzw. an einer für die Strahlenexposition repräsentativen Stelle der Körperoberfläche messen, einen Übergang auf die Skalenbeschriftung in Sv oder μSv/h vollzogen hat. Grundlage für diese Umstellung ist
die Einführung des Begriffes "Photonen-Äquivalentdosis", die aus der Standard-Ionendosis mit der alten Einheit R durch Multiplikation mit dem Faktor
0,01 Sv/R hervorgeht. Sollen Nutzstrahlenbündel, z.B. bei medizinischen
Beschleunigern charakterisiert werden, so wird man sich wohl für die sog.
Luftkerma[xx] entscheiden /3.21/ (Definition der Kerma in /3.20/). Die Einheit
der Luftkerma ist Rad bzw. Gray, wobei sich die Luftkerma aus der Standard-Ionendosis durch Multiplikation mit dem Faktor 8,7 mGy/R ergibt.

---

[x]   SI = Systeme International d' Unites (Internationales Einheitssystem)
[xx]   Kerma = Kinetic energy released in material

4.   Baulicher Strahlenschutz

P.G.Fischer, K.Ewen

4.1   Einleitung

Wurde noch im Jahr 1960 die Ermittlung von Abschirmdicken bei Beschleunigeranlagen mehr als Kunst denn als Wissenschaft aufgefaßt /4.1/, so bieten heute Literatur und einschlägige DIN-Normen /4.2/ Rechenmethoden und Abschirm-
daten an, mit denen man ohne größere Schwierigkeiten, zumindestens für Routi-
neanlagen, die erforderlichen Abschirmdicken ermitteln kann. "Sicherheitszu-
schläge", die eigentlich als "Unsicherheitszuschläge" bezeichnet werden müßten, können entfallen, unnötige Kosten lassen sich vermeiden.
Die Erweiterung des Wissens über den baulichen Strahlenschutz wurde eingelei-
tet durch zahlreiche Installationen von Beschleunigeranlagen in den letzten
Jahren. Dadurch war man gezwungen, sich intensiv mit Abschirmungsproblemen
zu befassen. Überflüssiges Abschirmmaterial erhöht die Kosten, und zwar ohne
weitere Vorteile für den Strahlenschutz. Es ist nicht mehr Stand der Abschir-
mungstechnik, einen Beschleuniger zunächst ohne oder mit zu geringer Abschirmung zu errichten, um diese dann nach und nach aufgrund von Ortsdosismessungen so lange aufzubauen, bis der Betrieb strahlenschutzmäßig möglich wird.
Ein solches Vorgehen kann folgende Nachteile nach sich ziehen:
- Die Finanzierungskosten sind nicht kalkulierbar.
- Die Nachrüstung von Abschirmungen während des Betriebs erschwert das Arbeiten an der Anlage.
- Komponenten, die leicht zugänglich sein sollten, bzw. wertvoller Raum befinden sich in Strahlenfeldern hoher Ortsdosisleistung.
- Die Zutrittsmöglichkeiten müssen überwacht und ggf. eingeschränkt werden.
- Zweckmäßige, die gesamte Anlage umfassende Strahlenschutzkonstruktionen
  lassen sich nicht mehr verwirklichen.
Heutzutage dürfte - auf der Grundlage der StrlSchV - ein derartiges Vorgehen
nicht mehr so ohne weiteres akzeptiert werden, denn schon im Rahmen einer Errichtungsgenehmigung nach § 15 StrlSchV bzw. eines Baugenehmigungsverfahrens
wird unter anderem der Nachweis einer ausreichend dimensionierten Abschirmung gefordert. Gewisse Möglichkeiten,Abschirmdicken experimentell zu ermitteln, läßt der befristete Probebetrieb nach § 19 Abs. 4 StrlSchV zu. Dies
darf aber nicht für routinemäßige Installationen genutzt werden.

4.2   Allgemeine Abschirmungsüberlegungen

Das wichtigste Ziel des bautechnischen Strahlenschutzes ist es, durch geeignete Abschirmung von Strahlenquellen in der Umgebung einer Beschleunigeranlage die Dosis-Grenzwerte für externe Bestrahlungen in betrieblichen und aus-
serbetrieblichen Überwachungsbereichen sowie in Bereichen, die nicht Strahlenschutzbereiche sind, einzuhalten. Es ist üblich, aus den in §§ 44, 45, 49,
51 StrlSchV bzw. Anlage X der StrlSchV festgelegten Grenzwerten,die sich auf
ein Jahr beziehen, Grenzwerte für Ortsdosen pro Woche H_W abzuleiten, jeweils
Daueraufenthalt am zu schützenden Ort vorausgesetzt. Diese so abgeleiteten
Werte sind in Tab. 4.1 aufgeführt.

Aufenthaltsplätze	Bestimmung der StrlSchV	Grenzwerte für die Körperdosis pro Jahr, hier für die effektive Dosis (mSv)	abgeleiteter Grenzwert für die Ortsdosis pro Woche H_W (mSv)
für beruflich strahlenexponierte Personen der Kategorie A	§ 49	50	1
für beruflich strahlenexponierte Personen der Kategorie B	§ 49	15	0,3
nicht beruflich Strahlenexponierte im betrieblichen Überwachungsbereich	§ 51	5	0,1
Personen im außerbetrieblichen Überwachungsbereich	§ 44	1,5	0,03

Tab. 4.1:   Aus den Grenzwerten für die Körperdosis pro Jahr (hier effektive
             Dosis) abgeleitete Grenzwerte für die Ortsdosen pro Woche H_W

Es wird allerdings in fast allen Fällen angestrebt, die Abschirmdicken so zu
wählen, daß zur Vermeidung von lästigen Aufenthaltsbeschränkungen und Tätig-
keitsverboten außerhalb der Beschleunigerräume die Bedingungen für Kontroll-
oder gar Sperrbereiche (§§ 57, 58 StrlSchV) nicht vorliegen. Das bedeutet
für Tab. 4.1, daß für die Bemessung des baulichen Strahlenschutzes fast nur
die beiden Grenzwerte von 0,1 bzw. 0,03 mSv/Woche von Bedeutung sind. Die
Aufgabe einer Abschirmung besteht folglich darin, die Strahlenfelder in der
Umgebung einer Beschleunigeranlage soweit abzuschwächen, daß diese Grenzwerte nicht erreicht bzw. nicht überschritten werden. Zu diesem Zweck sind

Kenntnisse über die Umstände der Entstehung verschiedener Strahlenarten
und die Möglichkeit ihrer Schwächung durch Abschirmmaterialien erforderlich.

4.3   Betriebsdaten

4.3.1   Betriebsbelastung W

Eine verhältnismäßig geringe Einschaltzeit des Beschleunigers darf (im Gegensatz zum Umgang mit radioaktiven Stoffen) bei der Planung des bautechnischen
Strahlenschutzes durchaus berücksichtigt werden. Es muß dann allerdings orga-
nisatorisch wirklich sichergestellt sein, daß bei späterem Betrieb diese Einschaltzeit nicht überschritten wird. Realistisch empfiehlt sich aber, um
nichtvorhersehbaren Einschränkungen auszuweichen, die für die Rechnung zugrun-
degelegten Einschaltzeiten großzügig zu bemessen; eventuell diesbezügliche Be-
triebsänderungen sollten also im Planungsstadium schon berücksichtigt werden.
Es ist üblich, eine Betriebsbelastung W zu definieren, die das Produkt aus
der maximalen Kermaleistung (z.B. in der Einheit mGy min^{-1}) in 1 m Abstand
von der Strahlenquelle und der wöchentlichen Einschaltzeit darstellt /4.2/.
Man kann davon ausgehen, daß die in Tab. 4.2 angegebenen Werte für die Einschaltzeit und Betriebsbelastung so ausreichend bemessen sind, daß sie praktisch nicht überschritten werden.

Einsatz des Beschleunigers	Wöchentliche Ein-schaltzeit t_W (min/Woche)	Betriebsbelastung W (mGy/Woche)
Wissenschaft und Forschung	2400	Produkt der maximalen Kermaleistung (in mGy min^{-1}) in 1 m Abstand mit der wöchentlichen Einschaltzeit t_W
Kunststoffvernetzung, Sterilisation, etc.	2400	
Industrielle Radiographie	1200	z.B. 5 · 10^6 für ca. 4000 mGy min^{-1}
Strahlentherapie	z.B. 250 für 4000 mGy min^{-1}	10^6

Tab. 4.2:   Für Abschirmungsberechnungen zu empfehlende wöchentliche Einschaltzeiten t_W und Betriebsbelastungen W für den Betrieb von
Beschleunigern auf verschiedenen Gebieten /4.2/, /4.3/, /4.4/

Es ist natürlich nicht auszuschließen, daß man von diesen Werten abweichen
muß bzw. kann, wenn zu erwarten bzw. sichergestellt ist, daß die Ausnutzung

der Anlage völlig anders sein wird. Zum Beispiel kann man beim Arbeiten in
mehreren Schichten unterstellen, daß die Beschäftigten dennoch im Mittel
nicht länger als 40 h pro Woche anwesend sein werden. Für den Schutz anderer Personen (z.B. in benachbarten Wohnungen oder Krankenzimmern) muß jedoch
die gesamte Einschaltzeit pro Woche berücksichtigt werden.

4.3.2   Richtungsfaktor U

Es mag zweckmäßig sein, für verschiedene Nutzstrahlrichtungen, wie sie z.B.
in der Strahlentherapie oder in der industriellen Radiographie vorkommen können, einen Richtungsfaktor U zu definieren. Dieser berücksichtigt den Anteil
der Gesamtstrahlzeit mit einer ganz bestimmten Nutzstrahlrichtung auf den zu
schützenden Ort. Man setzt U = 1, wenn eine Nutzstrahlrichtung regelmäßig
und in bezug auf die Gesamtstrahlzeit häufig ist. U = 0,1 bedeutet dagegen,
daß nur in seltenen Fällen, z.B. bei Bewegungsbestrahlung, diese Nutzstrahlen-
richtung geplant ist. Wenn die Nutzstrahlung z.B. aus gerätetechnischen Gründen gar nicht auf den zu schützenden Ort gerichtet werden kann, wird U = 0.
Für isotrop angenommene Streustrahlung oder Durchlaßstrahlung ist U immer
gleich 1. Tab. 4.3 gibt einen Überblick über die Wahl der verschiedenen Richtungsfaktoren.

Strahlrichtung	Strahlart	Richtungsfaktor U
regelmäßige und häufige Nutzstrahlrichtung	Nutzstrahlung	1
seltene (nicht mehr als 10 %) Nutzstrahlrichtung	Nutzstrahlung	0,1
Nutzstrahlung in Richtung auf den zu schützenden Ort nicht möglich	Nutzstrahlung	0
Unabhängig von der Nutzstrahlrichtung	Streustrahlung Durchlaßstrahlung Tertiärstrahlung	1

Tab. 4.3:   Richtungsfaktor U für verschiedene Strahlrichtungen

In Abweichung von Tab. 4.3 dürfen bzw. müssen andere Werte von U gewählt
werden, wenn der Typ der Anlage oder deren Betriebsweise es sinnvoll bzw. erforderlich erscheinen lassen.

4.3.3   Aufenthaltsfaktor T

Der Aufenthaltsfaktor T berücksichtigt die mittlere Aufenthaltsdauer von
Personen in Umgebung der Beschleunigeranlage. Orte,an denen sich ständig je-
mand aufhalten kann, werden durch T = 1 ("Daueraufenthalt") berücksichtigt.
Bereiche außerhalb des Strahlenbetriebs, die nicht für Daueraufenthalt in-
frage kommen, sind durch T = 0,3 charakterisiert. Bereiche innerhalb des
Strahlenbetriebes, für die sichergestellt ist, daß sich dort niemand länger
als 10 % der Einschaltzeit aufhalten kann, beschreibt man mit T = 0,1.
Schließlich gilt für Orte, an denen sich niemand aufhalten kann oder darf,
T = 0. Tab. 4.4 faßt zusammen und gibt Beispiele für die Wahl des Aufenthalts-
faktors.

Aufenthaltsfaktor T	Bereich	Beispiele
1	Daueraufenthalt	Wohnung, Büro, Schaltraum, Labor, Bettenstation
0,3	Verkehrsfläche außerhalb des Strahlbetriebes; kein Daueraufenthalt	Straße, Gehweg, Parkplatz, Gartenanlage
0,1	betrieblicher Bereich, in dem sich niemand länger als 1/10 der Einschaltzeit aufhält	Flur, Treppe, Toilette, Patientenwarteraum, Ab- stellraum
0	kein Aufenthalt	Sperrbereich

Tab. 4.4:   Aufenthaltsfaktor T /4.2/

Seltener Aufenthalt und seltene Strahlrichtung können zwar zusammentreffen,
jedoch darf das Produkt U·T nicht kleiner als 0,1 gewählt werden.
Nutzungsänderungen von Räumen können im Sinne größer werdender Aufenthaltsfak-
toren T beim späteren Betrieb problematisch sein (z.B. aus einem Abstellraum
entsteht ein Büro). Derartige potentielle Nutzungsänderungen sollten möglichst schon bei der Planung einkalkuliert werden; sie bedürfen im übrigen
auch einer Änderung der Genehmigung nach § 16 StrlSchV ("Betriebsänderung,
die den Strahlenschutz beeinflußt").
Die Wahl aller Berechnungsparameter (Grenzwerte, Richtungsfaktoren, Aufent-
haltsfaktoren) sollte sinnvollerweise vor der Berechnung des baulichen
Strahlenschutzes, spätestens aber vor Errichtung der Anlage mit der Genehmigungsbehörde abgesprochen werden, damit keine unerwarteten und den Betrieb

störenden Genehmigungsauflagen erhoben bzw. Genehmigungsänderungen notwendig werden. Die Gleichsetzung von Orts- und Körperdosen,die Wahl von pauschalen Aufenthalts- und Richtungsfaktoren, die Annahme von maximalen Betriebsparametern, das Außerachtlassen der Abschirmwirkung durch das bestrahlte Objekt bewirkt in der Praxis später eine gewisse Überdimensionierung des baulichen Strahlenschutzes und damit ein deutliches Unterschreiten der Grenzwerte in Tab. 4.1, ganz im Sinne des in § 28 Abs. 1 Nr. 2 StrlSchV geäußerten Strahlenschutzgrundsatzes des "so gering wie möglich" (ALARA /4.5/). Es wird also niemandem zugemutet, die Grenzwerte der Körperdosis auszuschöpfen. Die Philosophie des Strahlenschutzes geht nicht dahin, "höchstzulässige Dosen" nicht zu überschreiten sondern möglichst weit unterhalb der Grenzwerte zu bleiben.

4.4   Physikalische Grundlagen

4.4.1   Schwächungsgesetz

Dringt Strahlung durch ein Abschirmmaterial, so kann die Abnahme der Kerma an einem bestimmten Ort in Abhängigkeit von der Schichtdicke x des Abschirmmaterials näherungsweise durch eine Exponentialfunktion beschrieben werden:

$$H(x) = H_0 e^{-\lambda x} = H_0 10^{-x/z} = H_0 2^{-x/h} \qquad (4.1)$$

$H(x)$ = Kerma hinter einer Abschirmung der Dicke x (z.B. bezogen auf einen Zeitraum von einer Woche),

H_0 = Kerma ohne Abschirmung (z.B. bezogen auf einen Zeitraum von einer Woche),

λ = Schwächungskoeffizient (in cm^{-1}),

z = Zehntelwertdicke (in cm),

h = Halbwertsdicke (in cm).

Die Gleichung drückt aus, daß das jeweilige Hinzufügen einer bestimmten Abschirmdicke (z.B. einer Halbwertsdicke) die Strahlung um einen bestimmten Faktor (hier: Faktor 2) abschwächt. Die Abschirmdicke ist ausreichend, wenn die Schwächung so weit erfolgt, daß bei Beachtung bestimmter Betriebsparameter (Betriebsbelastung, Richtungsfaktor, Aufenthaltsfaktor) ein Dosisgrenzwert nicht überschritten wird. Halblogarithmisch als Funktion der Abschirmdicke x aufgetragen, erscheint H(x) nach Gl. 4.1 als Gerade. In Wirklichkeit (vgl. Fig. 4.1 und 4.2) gibt es zwar Abweichungen von diesem idealen Verhal-

ten, vor allem für kleine Abschirmdicken, aber in der Praxis ist Gl. (4.1)
meistens ausreichend genau. Diese Abweichungen sind auf einen Dosisaufbau
im Abschirmmaterial durch Streuung und eine Änderung der spektralen Zusammensetzung der Strahlung längs des Weges im Material zurückzuführen.

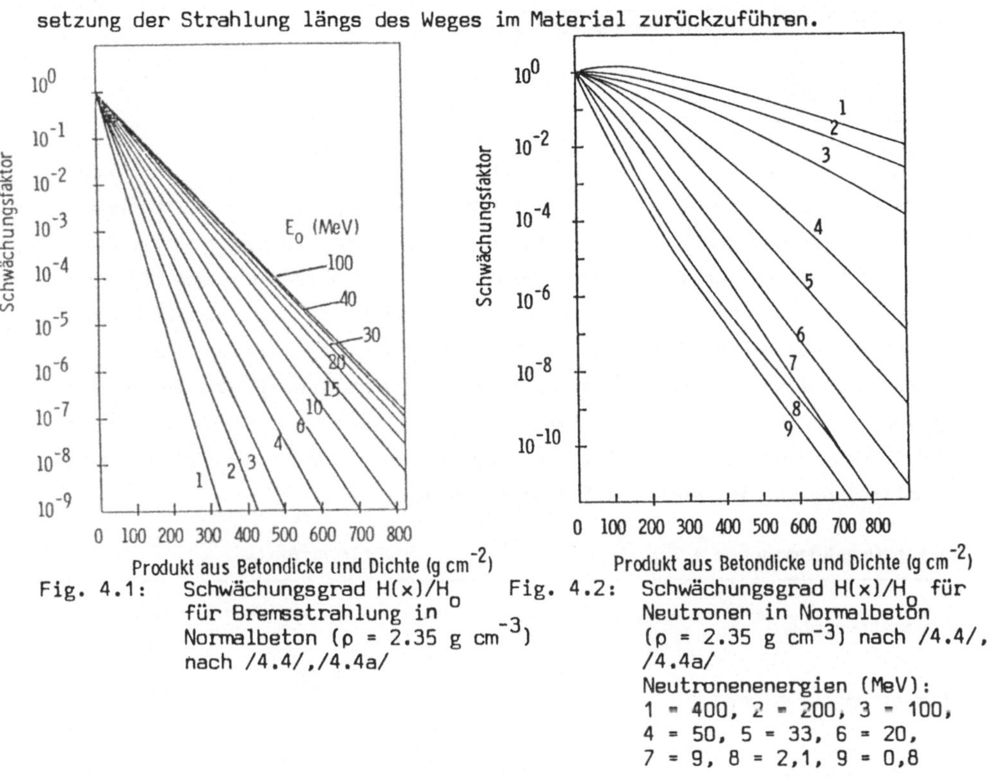

Fig. 4.1: Schwächungsgrad H(x)/H$_o$ für Bremsstrahlung in Normalbeton (ρ = 2.35 g cm^{-3}) nach /4.4/,/4.4a/

Fig. 4.2: Schwächungsgrad H(x)/H$_o$ für Neutronen in Normalbeton (ρ = 2.35 g cm^{-3}) nach /4.4/, /4.4a/
Neutronenenergien (MeV):
1 = 400, 2 = 200, 3 = 100,
4 = 50, 5 = 33, 6 = 20,
7 = 9, 8 = 2,1, 9 = 0,8

Gl. (4.1) definiert die Abschirmparameter z und h sowie den Schwächungskoeffizienten λ. Die Zehntelwertdicke z ist die Dicke eines Materials, die die
Kermaleistung auf 1/10 reduziert, die Halbwertsschichdicke h entsprechend auf
die Hälfte.
Es gilt die Beziehung:

$$\frac{1}{\lambda} = \frac{z}{\ln 10} = \frac{h}{\ln 2} \qquad (4.2)$$

Meist findet man in Tabellenwerken der einschlägigen Literatur /4.2/, /4.4/,
/4.6/, /4.7/ jedoch nicht explizit die Angabe der Zehntelwertdicke oder des
Schwächungskoeffizienten sondern das Produkt aus Zehntelwertdicke und Materialdichte ("Flächengewicht") bzw. den Quotienten aus Schwächungskoeffizient
und Materialdichte ("Massenschwächungskoeffizient") mit den Einheiten g cm^{-2}

bzw. g^{-1} cm^2. Der Schwächungskoeffizient ist über die Materialdichte von
Druck, Temperatur und Aggregatzustand des Materials abhängig. Durch Einfüh-
rung der Begriffe Flächengewicht und Massenschwächungskoeffizient ist die
Abhängigkeit von diesen Parametern eliminiert.

4.4.2 Reduktionsfaktor K_i

Neben der Abschwächung der Strahlung durch Abschirmung reduziert sich die
Kermaleistung mit dem Quadrat der Entfernung (sog. quadratisches Abstands-
gesetz), außerdem durch die Anisotropie der Bremsstrahlung, durch geräteei-
gene Abschirmungen usw.. All diese Einzelreduktionen werden zweckmäßiger-
weise durch einen einzigen Faktor, den sog. Reduktionsfaktor K_i, beschrieben.
Dieser Reduktionsfaktor bezieht die Kermaleistung der einzelnen Strahlungs-
komponenten i auf die Kermaleistung in der Nutzstrahlung im Abstand a_o = 1 m.
In Tab. 4.5 sind die Reduktionsfaktoren für Photonen- und Elektronenstrahlung
aufgeführt, die z.B. in der Strahlentherapie Verwendung finden /4.2/. Neutronenstrahlung ist in Abschn. 4.5.2 angesprochen.

Strahlungskomponente	Reduktionsfaktor
Bremsstrahlung	$K_r = a_o^2/a_n^2$
Elektronenstrahlung	$K_b = \dfrac{(\dot{D}_{re} + k_e \dot{D}_e)\,a_o^2}{\dot{D}_e\,a_n^2}$
Durchlaßstrahlung	$K_o = \dfrac{\dot{D}_o\,a_o^2}{\dot{D}_r\,a_n^2}$ $\quad(\dot{D}_o/\dot{D}_r = 10^{-3}$ nach /3.9/)
Sekundärstrahlung	$K_s = 10^{-2} \cdot \dfrac{F_N}{a_s^2}$
Tertiärstrahlung	$K_t = \left(10^{-6} + 10^{-2}\,\dfrac{\dot{D}_o}{\dot{D}_r}\right)\dfrac{F_t}{a_t^2}$

Tab. 4.5: Reduktionsfaktor K_i für Photonen- und Elektronenstrahlung /4.2/,
hierin ist:

a_o = 1 m

a = Abstand (in m) des zu schützenden Ortes von der

$\quad a_n$ Primärstrahlenquelle (z.B. Target)

$\quad a_s$ Sekundärstrahlenquelle

$\quad a_t$ Tertiärstrahlenquelle

k_e = Zahlenfaktor zur Bemessung des Schutzes gegen außerhalb des Targets erzeugte Bremsstrahlung (z.B. für 10 MeV Elektronenenergie und Beton: $5 \cdot 10^{-3}$, vgl. Bild 2 in /4.2/)

$\dot{D}$ = Kermaleistung (z.B. in mGy/min)

$\quad \dot{D}_r$ Röntgennutzstrahlung

$\quad \dot{D}_e$ Elektronennutzstrahlung

$\quad \dot{D}_{re}$ Röntgenstrahlenanteil im Elektronennutzstrahlenbündel

$\quad \dot{D}_o$ Durchlaßstrahlung

F_N = Querschnitt des Nutzstrahlenbündels (m^2)

F_t = wirksamer Querschnitt der Tertiärstrahlung (m^2)

Nach DIN 6814 Teil 2 /4.8/:
Primärstrahlung ist die gesamte aus dem Strahler austretende Strahlung,
Durchlaßstrahlung ist der Teil der Primärstrahlung, der vom Schutzgehäuse
$\qquad$ oder den absorbierenden Teilen der Blende noch durchgelassen
$\qquad$ wird,
Sekundärstrahlung ist die durch Wechselwirkung der Primärstrahlung mit der
$\qquad$ von ihr getroffenen Materie erzeugte Strahlung,
Tertiärstrahlung ist die durch Wechselwirkung der Sekundärstrahlung mit der
$\qquad$ von ihr getroffenen Materie erzeugte Strahlung.

4.5 Ermittlung der Abschirmdicken

4.5.1 Photonenstrahlung

Die ohne Abschirmung zu erwartende, auf die Woche umgerechnete Ortsdosis H_o stellt sich unter Berücksichtigung von Betriebsbelastung W (vgl. Tab. 4.2), Richtungsfaktor U (vgl. Tab. 4.3), Aufenthaltsfaktor T (vgl. Tab. 4.4) und Reduktionsfaktor K_i (vgl. Tab. 4.5) folgendermaßen dar:

$$H_o = WUT\,K_i\,q \qquad\qquad (4.3)$$

q = Bewertungsfaktor (= 1 mSv $\cdot$ mGy^{-1} für Photonen und Elektronen, für Neutronen s. Abschn. 4.5.2).

Dividiert man H_o durch den abgeleiteten Grenzwert für die Ortsdosis H_W nach Tab. 4.1, so ergibt sich die notwendige Schwächung einer Strahlungskomponente:

- 62 -

$$\frac{H_o}{H_W} = \frac{WUT \; K_i \; q}{H_W} \qquad\qquad (4.4)$$

Nach Gl.(4.1) läßt sich daraus die notwendige Abschirmdicke x_i ausrechnen
$(H(x) = H_W)$:

$$x_i = z_i \; \log \frac{WUT \; K_i \; q}{H_W} \qquad\qquad (4.5)$$

Tab. 4.6 faßt einige Werte des Produktes aus Zehntelwertdicke und Dichte für
Normalbeton, Barytbeton, Eisen und Blei für Photonenstrahlung zusammen. Will
man verschiedene Abschirmmaterialien kombinieren, so addieren sich die Zah-
len der Zehntelwertdicken. Aus Tab. 4.6 läßt sich entnehmen, daß bei Abschirmmaterialien hoher Ordnungszahl schon bei relativ niedrigen Grenzenergien die
Zehntelwertdicke ihren Maximalwert erreicht, um dann wieder abzufallen (z.B.
für Blei bereits bei einer Grenzenergie von 15 MeV). Dies ist auf die mit zu-
nehmender Energie steigende Schwächung der Strahlung durch Paarbildungseffek-
te zurückzuführen. Im Fall von hoher Photonenenergie benötigt man also über-
raschenderweise für denselben Schwächungsfaktor weniger Abschirmdicke als bei
kleinen Energien. Für die Praxis ist es also notwendig, die Abschirmung unbedingt für diejenige der benutzten Photonenenergie auszulegen, die die
größte Zehntelwertdicke erfordert.

	Produkt aus Zehntelwertdicke und Dichte $z_i \cdot \rho$ (g cm^{-2}) für Photonen								
Grenzenergie (MeV)	5	10	15	20	25	30	40	60	100
Material (Dichte in g cm^{-3})									
Normalbeton (2,3)	65	84	94	98	104	106	111	115	115
Barytbeton (3,2)	58	80	90	92	89	87	83	80	80
Eisen (7,9)	60	75	84	84	83	78	74	70	70
Blei (11,3)	52	67	70	68	65	62	55	55	55

Tab. 4.6:   Empfohlene Werte nach /4.2/, /4.4/ für das Produkt aus Zehntelwertdicke und Dichte einiger Abschirmmaterialien für Photonenstrahlung in Abhängigkeit von der Grenzenergie

Streustrahlung, hervorgerufen durch Objekte in der Nutzstrahlung, muß in die
Bemessung der Abschirmdicken einbezogen werden; das gilt vor allem für den
Fall von Durchführungen oder Labyrinthen (s. Abschn. 4.8). Die gestreute
Photonenstrahlung (besonders bei großen Streuwinkeln) ist relativ niederener-

getisch. Deshalb sind für Streustrahlung kleinere Zehntelwertdicken ausreichend. Diese sind aus Tab. 4.7 zu entnehmen.

	Produkt aus Zehntelwertdicke und Dichte $z_i \cdot \rho$ (g cm^{-2}) für gestreute Photonen	
Material	nach einer Streuung	nach zwei und mehr Streuungen
Normalbeton	37	21
Barytbeton	29	
Eisen	38	
Blei	17	3,4

Tab. 4.7: Empfohlene Werte nach /4.2/, /4.4/ für das Produkt $z_i \cdot \rho$ (g cm^{-2}) für gestreute Photonenstrahlung

4.5.2   Neutronen

Bei Elektronenbeschleunigern werden Neutronen für Abschirmungsberechnungen erst ab einer Elektronenenergie oberhalb der Schwellenenergie von (γ,n)-Reaktionen wichtig. Diese liegen für schwere Atomkerne bei 4 bis 10 MeV und für leichte Atomkerne oberhalb von 10 MeV (Ausnahmen: 2,23 MeV für ^{2}H und 1,67 MeV für ^{9}Be). Die Neutronenausbeute ist in der Nähe der Schwellenenergie relativ gering. Da die Beton-Zehntelwertdicke für Neutronen bis 50 MeV im Bereich von 75 bis 85 g cm^{-2} liegt, verglichen mit 65 bis 115 g cm^{-2} für Photonen bis 100 MeV Grenzenergie (vgl. Tab. 4.6), kann man generell für Elektronenbeschleuniger sagen, daß eine gegen Photonen ausreichende Betonabschirmung auch gegen Neutronen ausreichend sein wird. Ausnahmen davon sind jedoch oft Labyrinthe, Wanddurchführungen sowie der Skyshine-Effekt (s. Abschn. 4.7 und folgende). Für Neutronen, deren Winkelverteilung im Laborsystem annähernd isotrop ist (z.B. bei Photoneutronen),beginnt man die Abschirmungsrechnungen entweder mit der Neutronenfluenz Θ (Einheit n cm^{-2}), z.B. in 1 m Abstand von der Quelle, oder mit der Neutronenquellstärke β (Einheit: n s^{-1}). Für Elektronenbeschleuniger oberhalb einer Grenzenergie von ca. 15 MeV kann sehr konservativ als Daumenregel angenommen werden, daß diese bei einem Target aus schweren Atomkernen pro kW elektrischer Leistung eine Quellstärke von $2 \cdot 10^{12}$ n s^{-1} erzeugen /4.4/. Für medizinische Elektronenlinearbeschleuniger, deren Leistung weit unter 1 kW liegt, geht man besser von der

Neutronenfluenz $1,7 \cdot 10^6$ bis $1,3 \cdot 10^7$ n cm^{-2} pro Gy in 1 m Entfernung vom Target aus /4.9/. Man bestimmt dann die Neutronenflußdichte ϕ (Einheit: n cm^{-2} s^{-1}) im Abstand a_o = 1 m pro kW elektrischer Leistung:

$$\phi = \frac{\beta}{4\pi\, a_o^2\, 10^4} = \frac{\beta}{1,26 \cdot 10^5} \quad n\ cm^{-2}\ s^{-1} \qquad (4.6)$$

Die Kermaleistung $\dot{H}_n$ (Einheit: mGy min^{-1}) pro kW elektrischer Leistung infolge unabgeschirmter Neutronen der Energie E_n stellt sich mit Hilfe eines sog. Konversionsfaktors C_n (E_n) nach /4.3/ folgendermaßen dar:

$$\dot{H}_n = C_n\ (E_n) \cdot \phi \qquad (4.7)$$

C_n (Einheit: mGy min^{-1} cm^2 s) ist im Bereich E_n = 1 bis 40 MeV nahezu unabhängig von der Energie: C_n = $2,5 \cdot 10^{-5}$ mGy min^{-1} cm^2 s.
Unter Berücksichtigung der elektrischen Leistung P in kW (für medizinische Linearbeschleuniger liegt P in der Größenordnung von $5 \cdot 10^{-3}$ kW), der wöchentlichen Einschaltzeit t_W (in min/Woche, vgl. Tab. 4.2) und der wöchentlichen Betriebsbelastung W (W = $P \cdot \phi \cdot C_n \cdot t_W$) ergibt sich in Analogie zur Gl. (4.5) die für Neutronen notwendige Abschirmdicke x_n (in cm):

$$x_n = z_n\ \log\ \frac{WUT\ (a_o/a_d)^2\ q}{H_W} \qquad (4.8)$$

z_n = Zehntelwertdicke (in cm, vgl. Tab. 4.8),
a_d = Abstand des zu schützenden Ortes von der Neutronenquelle (in m),
q = Bewertungsfaktor (hier pessimistisch: 10 mSv mGy^{-1} /4.2/).
Tab. 4.8 faßt einige Werte des Produktes aus Zehntelwertdicke und Dichte für Wasser, Paraffin, Normalbeton, Barytbeton, Eisen und Blei zusammen, wie sie in /4.4/, /4.10/ für Neutronen mittlerer Energie vorgeschlagen werden.

Gewöhnlich ist bei Hochenergiebeschleunigern der große Anteil niederenergetischer Neutronen wegen des hohen Einfangquerschnitts für Neutronen niedriger Energie zu vernachlässigen.
Die Angabe nur einer einzigen Zehntelwertdicke ist für Neutronen wegen des Aufbaueffektes (vgl. Fig. 4.2) im allgemeinen jedoch nicht ausreichend. Deshalb werden in der Literatur, z.B. für hochenergetische Neutronen, winkelabhängige Aufbaufaktoren angegeben /4.10/ bzw. es wird unterschieden zwischen der 1. und den folgenden Zehntelwertdicken /4.2/. Aus Fig.4.2 läßt sich durch

Extrapolation aus dem linearen Verlauf der Kurven entnehmen, um wieviele Zehntelwertdicken die Abschirmung durch den Aufbaueffekt zu verstärken ist. Wertvolle Hinweise auf Möglichkeiten der Neutronenabschirmung finden sich bei Bathow, Freytag und Tesch /4.11/.

Material	Dichte (g cm^{-3})	Produkt aus Zehntelwertdicke z_n und Dichte ρ für Neutronen (1 - 15 MeV) (g cm^{-2})	
		mittlere Energie < 15 MeV	hohe Energie > 15 MeV
Wasser	1	22	--
Paraffin	1	21	--
Sand	1,6	77	216 - 276
Normalbeton	2,3	96	230 - 276
Barytbeton	3,2	105	265
Eisen	7,8	290	345 - 560
Blei	11,3	540	513

Tab. 4.8: Empfohlene Werte nach /4.4/, /4.10/ für das Produkt $z_n \cdot \rho$ (g cm^{-2}) für Neutronen mittlerer Energie (< 15 MeV) und hoher Energie (> 15 MeV)

Die Neutronenemission bei ioneninduzierten Kernreaktionen ist - im Gegensatz zu derjenigen der Photoneutronen - stark winkelabhängig im Laborsystem. Die Berechnung der Neutronenflußdichte ϕ nach Gl. (4.6) aus der Neutronenquellstärke β führt wegen der Mittelung über alle Raumwinkel bestenfalls zu einer groben Abschätzung. Außerdem ändert sich mit dem Emissionswinkel auch die Energieverteilung der Neutronen stark. Hinweise hierzu findet man bei /4.6/, /4.12/.

4.5.3 Zusammenwirken verschiedener Strahlenquellen

Werden an einem zu schützenden Ort mehrere Strahlenquellen wirksam (z.B. fremde Strahlenquellen oder verschiedene Strahlenquellen eines Beschleunigers), so muß man als höchste zugelassene Ortsdosis H_W pro Woche einen Wert zugrundelegen, der um diesen Anteil der Ortsdosis reduziert ist. Beispiel: Der abgeleitete Grenzwert für die Ortsdosis beträgt 0,1 mSv/Woche (für q = 1 identisch mit 100 /uGy/Woche). Durch den Betrieb einer fremden Strahlenquelle wird eine Ortsdosis von 60 /uGy/Woche erzeugt. Dann darf durch den Betrieb des Beschleunigers maximal eine Dosis von H = 100 /uGy/Woche -

60 /uGy/Woche = 40 /uGy/Woche erzeugt werden.

Werden an einem durch _eine_ Abschirmung zu schützenden Ort mehrere Strahlen-komponenten wirksam (z.B. gleichzeitig Bremsstrahlung und Neutronenstrah-lung), so bestimmt man die notwendige Abschirmdicke x_i für jede einzelne Strahlenkomponente. Die notwendige Gesamtabschirmdicke x läßt sich aus fol-gender Forderung bestimmen /4.2/:

$$\sum_i 10^{\frac{x_i-x}{z_i}} \leq 1 \tag{4.9}$$

Da diese Gleichung nicht exakt nach x aufgelöst werden kann, erfordert es einen gewissen Aufwand, die notwendige Abschirmdicke exakt zu errechnen. Man kann sich behelfen, indem man folgendermaßen vorgeht: Man ordnet die Schicht-dicken x_i der Größe nach und bildet jeweils die Differenz benachbarter Schichtdicken, wobei man mit den kleinsten x_i-Werten beginnt. Diese Differenz wird durch die Zehntelwertdicke der dünnsten Abschirmung dividiert ($\hat{=} \Delta z1$). Die so ermittelte Zahl der Zehntelwertdicken vergleicht man in Tab. 4.9 mit $\Delta z2$. Das ist die Verstärkung der Abschirmung in Zehntelwertdicken der dickeren Abschirmung.

Schichtdicken-Differenz in Zehntelwertdicken der dünneren Abschirmung	Verstärkung der Abschirmung in Zehntelwertdicken der dickeren Abschirmung
$\Delta z1$ = 0,0	$\Delta z2$ = 0,31
0,2	0,22
0,4	0,15
0,6	0,10
0,8	0,07
1,0	0,05
1,4	0,02
1,8	0,01
> 2	0

Tab. 4.9: Verstärkung der Abschirmung bei Zusammenwirken verschiedener Strahlenkomponenten (s. Text und Beispiel)

Beispiel: Die Abschirmdicken in Barytbeton x_g gegen Neutronen (< 15 MeV) und gegen Durchlaßstrahlung x_o (15 MeV) betragen beispielsweise je eine Zehntel-wertdicke, d.h. x_g = z_g = 33 cm (vgl. Tab. 4.8) und x_o = z_o = 28 cm (vgl. Tab. 4.6). $x_g - x_o$ = 5 cm, $\Delta z1$ = 5/28 = 0,18. Aus Tab. 4.9: $\Delta z2$ = 0,24 (interpoliert). Notwendige Verstärkung: 0,24 · 33 = 8 cm Barytbeton.

4.6 Bauliche Strahlenschutzvorkehrungen gegen radioaktive Stoffe, die durch Kernphotoprozesse entstehen

Bauliche Strahlenschutzvorkehrungen gegen die γ-Strahlung radioaktiver Stoffe, die durch Kernphotoprozesse (meist vom Typ (γ,n)) entstehen, sind im allgemeinen bei Elektronenbeschleunigern unterhalb 8 MeV Grenzenergie nicht erforderlich, sofern Stoffe mit höheren Wirkungsquerschnitten als Blei nicht in der Nähe des Strahlers angeordnet werden. Oberhalb dieser Grenzenergie und bei Strahlleistungen oberhalb von 1 W entstehen vor allem gasförmige radioaktive Stoffe (z.B. ^{13}N, ^{15}O), die über Leitungssysteme (z.B. Abluftsysteme) aus dem Bestrahlungsraum gelangen können. Es ist in diesem Fall zu prüfen, ob die Lüftungsanlage so dimensioniert ist ("Luftwechselzahl"), daß nach Abschalten der Anlage die Strahlenexposition des Personals im Bestrahlungsraum durch gasförmige Radionuklide ein gewisses Limit (vgl. § 51 und Anlage IV Tab. IV 4 StrlSchV) nicht überschreitet. Auf der anderen Seite können Überlegungen angebracht sein, wie das Verhältnis zwischen den Kontrollbereiche auf dem Luft- oder Wasserpfad verlassenden Radionuklidkonzentrationen und diesbezüglichen Grenzwerten in außerbetrieblichen Überwachungsbereichen und Nichtstrahlenschutzbereichen geregelt werden müßte (z.B. Abluftkaminhöhe und -lage). Auf derartige Fragen wird in Kap. 5 näher eingegangen.

4.7 Skyshine (Luftstreuung)

Aus Kostengründen wird man hin und wieder versuchen, die Abschirmung der Decke möglichst schwach zu dimensionieren und dann den Aufenthalt von Personen, wenn möglich, oberhalb des Bestrahlungsraumes zu untersagen. Wenn im Extremfall nur ein verhältnismäßig leichtes Dach vorhanden ist, kann die Rückstreuung an Luftmolekülen von nach oben austretenden Photonen und Neutronen einen wesentlichen Beitrag zur Strahlenexposition der Umgebung liefern. Für diesen Effekt hat sich der Name "Skyshine" eingebürgert. Gleichwohl faßt man unter diesem Begriff auch Streuungen aus anderen Richtungen zusammen. Zwingend notwendig ist eine ausreichende Dimensionierung der Deckenabschirmung schon bei Neutronenquellstärken von β = 10^9 n s^{-1}. Zahlreiche Experimente an verschiedenen Beschleunigern haben ergeben, daß man die Neutronenflußdichte durch Skyshine in guter Näherung beschreiben kann durch /4.6/:

$$\phi(r) \;\approx\; \frac{a\,\beta}{4\pi\,r^2}\,(1-e^{-r/\mu})\,e^{-r/\lambda} \quad \text{für } r \geq 50 \text{ m} \qquad (4.10)$$

$\phi(r)$ = Neutronenflußdichte ($n\ cm^{-2}\ s^{-1}$) in Abhängigkeit vom Abstand r (m),

β = Neutronenquellstärke ($n\ s^{-1}$),

(a = 2,8, μ = 56 m, λ = 267 m) empirische Werte /4.6/.

Die weitere Berechnung der Abschirmung für eine Decke läßt sich dann analog
zu den Gln.(4.7) und (4.8) durchführen.

4.8 Labyrinthe, Durchführungen, Tore

4.8.1 Labyrinth (Eingangsschleuse)

Oft wird man versuchen, die Abschirmung von Türen und Toren möglichst dünn
und damit leicht zu gestalten, damit aufwendige Torantriebe, die erhebliche
Kosten verursachen, entfallen können. In diesem Zusammenhang bieten sich la-
byrinthartige Zugangsschleusen an, die so konstruiert werden, daß die Tore
nicht von ungeschwächter Primär- und Sekundärstrahlung getroffen werden können. In Fig. 4.3 bis 4.5 sind Beispiele für Strahlenschutztor- und -fenster-
konstruktionen dargestellt. Günstig sind möglichst kleine Schleusenquerschnit-
te,besonders am inneren Ende der Schleuse. Es ist offensichtlich, daß in diesem Fall weniger Strahlung in die Schleuse gelangen kann, was die Abschirm-
maßnahmen vereinfacht. Leider ist man gezwungen, hier Kompromisse zwischen
Zugänglichkeit und Abschirmerfordernissen einzugehen. Zum Beispiel erfordert
der Betrieb von medizinisch genutzten Linearbeschleunigern eine Bettendurch-
fahrt oder von Beschleunigern zur industriellen Radiographie Toröffnungen für
Werkstücke mit oft großen Abmessungen.
Für die Bemessung des Transmissionsgrades von Labyrinthen kann man in /4.2/,
/4.13/ auf empirisch gefundene Abschätzungen zurückgreifen, die recht gut
die Verhältnisse wiedergeben. Für Hochenergiebeschleuniger ist eine Zusam-
menfassung von Patterson und Thomas /4.6/ zu finden. Allerdings kann es in
der Praxis - wegen der komplizierten Abhängigkeit der Energie und Dosisleistung der gestreuten Strahlung von Geometrie und Wandmaterial - notwendig
sein, nach Errichtung der Anlage aufgrund von Strahlenschutzmessungen durch
Verstärkung der Torabschirmung oder durch Auskleiden der Zugangsschleuse mit
neutronenabsorbierenden Materialien (z.B. Bor-Kunststoff)die Dosisleistung
weiter zu reduzieren.

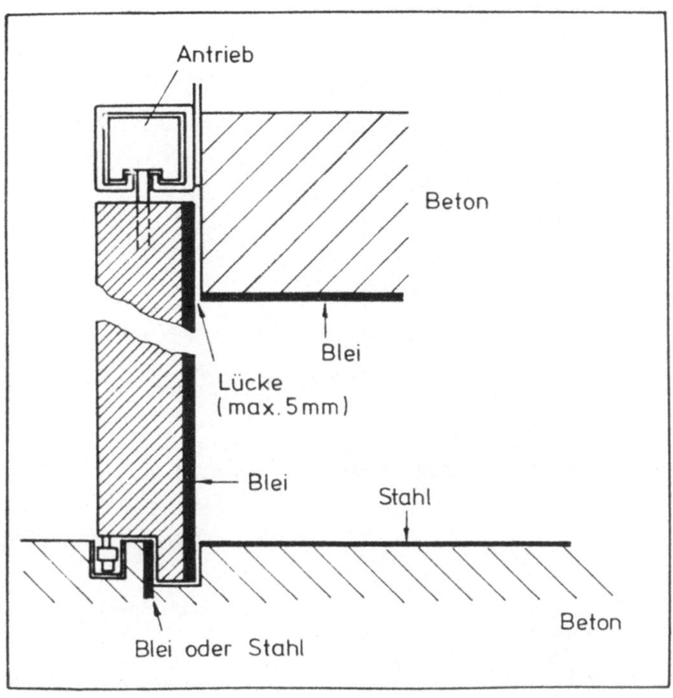

Fig. 4.3:   Beispiel für ein motorgetriebenes Strahlenschutztor (aus /4.20/)

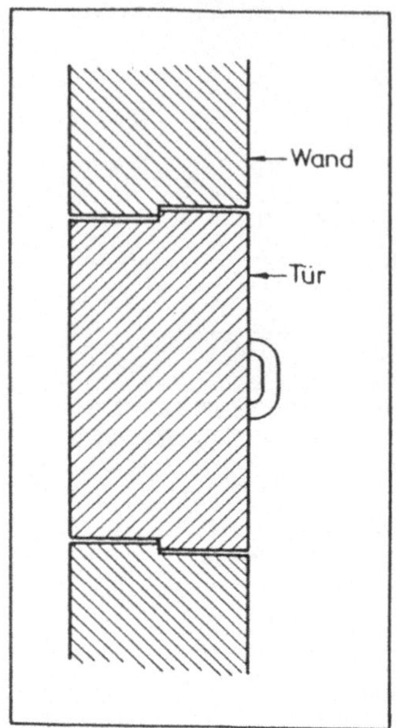

Fig. 4.4:   Beispiel für ein sog. Stopfentor (aus /4.20/)

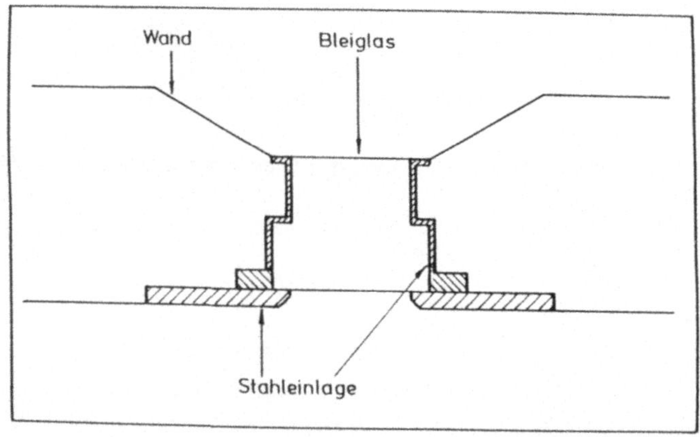

Fig. 4.5: Beispiel für ein Strahlenschutzfenster (aus /4.20/)

Zur Bemessung der Abschirmdicke eines Tores zum Labyrinth müssen sowohl gestreute Photonen als auch gestreute Neutronen berücksichtigt werden. Hierbei ist die gestreute Teilchenflußdichte proportional der Teilchenflußdichte in der Nutzstrahlung und der Größe der streuenden Fläche F_S und nimmt quadratisch mit dem Abstand a_s des zu schützenden Ortes von der streuenden Fläche ab. Der Reduktionsfaktor für Streustrahlung (Sekundärstrahlung) K_s (vgl. Tab. 4.5) hat die Form

$$K_s = \frac{a_o^2}{a_n^2} \; \frac{\alpha_s \, F_S}{a_s^2} \tag{4.11}$$

Hierbei ist neben den schon bekannten Parametern:

$$F_S = F_N \cdot \frac{a_n^2}{a_o^2} \quad \text{(vgl. Tab. 4.5)}$$

a_o = 1 m,

a_n = Abstand der Strahlenquelle zum Auftreffpunkt der Primärstrahlung (m),

α_s = das differentielle Dosis-Albedo.

Die Größe α_s hängt von dem Energiespektrum der Primärstrahlung, vom Material der Streufläche, vom Streuwinkel und von der Orientierung der Streufläche zur Primärstrahlung ab. Bei medizinischen Therapieeinrichtungen hat sich für Photonenstrahlung ein Wert $\alpha_s = 10^{-2}$ als genügend genau erwiesen /4.2/. Bei Zweifachstreuung ergibt sich entsprechend zu Gl. (4.11) ein Reduktionsfaktor K_t (vgl. Tab. 4.5):

$$K_t = \frac{a_o^2}{a_n^2} \; \frac{\alpha_s \, F_S}{a_s^2} \; \frac{\alpha_t \, F_t}{a_t^2} \tag{4.12}$$

Hierbei ist neben den schon bekannten Parametern:

α_t = das differentielle Dosis-Albedo ($\approx \alpha_s$) /4.4/.

In Tab. 4.5 ist für den Reduktionsfaktor K_t ein vereinfachter Ausdruck angegeben, der für die Belange von medizinischen Linearbeschleunigern ausreichend ist /4.2/. Für genauere Berechnungen sollte auf das differentielle Dosis-Albedo aus /4.4/ und /4.7/ zurückgegriffen werden.

Für die Berechnung der Abschirmung von Photonen bei medizinischen Elektronenbeschleunigern im Bereich des Labyrinths müssen die an F_t gestreute Durchlaßstrahlung und die vom Patienten ausgehende Streustrahlung berücksichtigt werden. Für die Bemessung einer Türabschirmung werden Reduktionsfaktoren verwendet, die Mehrfachstreuung und Geometrie berücksichtigen.

Für gestreute Neutronen hat sich aus der Praxis folgender Reduktionsfaktor
bewährt /4.7/:

$$K_g = \frac{\alpha_n \, F_t \, a_0^2}{a_s^2 \, a_t^2} \qquad (4.13)$$

wobei $\alpha_n \simeq \frac{0,1}{2\pi}$ das Verhältnis der gestreuten Neutronen zu den auf F_t treffenden Neutronen und F_t (m^2) die von den Neutronen getroffene, in das Labyrinth
streuende Fläche ist.

a_s (m) Abstand der streuenden Fläche zur Neutronenquelle,

a_t (m) Laufweg der Neutronen zum Eingangstor des Labyrinths.

4.8.2   Durchführungen

Alle Durchführungen in Abschirmungen müssen so ausgeführt werden, daß ein
direkter Durchfluß von Photonen oder Neutronen verhindert wird. Dieser Grundsatz muß schon bei der Planung Berücksichtigung finden, da sich spätere diesbezügliche Maßnahmen oft nur mit erheblichem Aufwand verwirklichen lassen und
dann meist sehr kostspielig sind. Zumindest muß man bei der Planung genügend
Platz für entsprechende Zusatzabschirmungen vorsehen.
Nach Möglichkeit sollten Durchführungen, wie z.B. Kabelschächte, Rohrpost,
Lüftungskanäle, so angelegt sein, daß sie in nicht zugängliche Bereiche aus-
serhalb des Beschleunigerbunkers münden. Unproblematisch sind meistens Unter-
bodendurchführungen, da unterhalb von Beschleunigerbunkern die Anwesenheit
von Personen in der Regel auszuschließen ist. Durchführungen in Wänden sollten
- wenn überhaupt unbedingt erforderlich - außerhalb des Primärstrahlenbereichs
angebracht werden und mit ihren Öffnungen weder auf die Strahlenquelle noch
auf Aufenthaltsorte weisen. Diese Durchführungen müssen innerhalb der Abschirmung gewinkelt sein (z.B. 90°, vgl. Fig. 4.6), wobei das "Knie" nach oben weisen sollte, damit durch Hereinfallen von Gegenständen keine Blockierung entstehen kann. Im übrigen ist es sinnvoll, entlang der gesamten Durchführung
Materialien hoher Ordnungszahl, z.B. Blei, anzubringen (Beispiel: Fig. 4.7).
Oft kann man nicht benötigte Durchführungen mit Stopfen, z.B. aus Bleischrott
o.ä., verschließen (z.B. Fig. 4.8). Durchführungen mit großen Querschnitten,
beispielsweise für Lüftung und Klimatisierung, werden am besten durch die
Zugangslabyrinthe geführt. Die Berechnung der Transmission von Strahlung durch
derartige Durchführungen kann zwar mit Monte-Carlo-Methoden geschehen, jedoch
ist der Rechenaufwand erheblich. Hinweise zu diesem Thema findet man in /4.6/,
/4.7/.

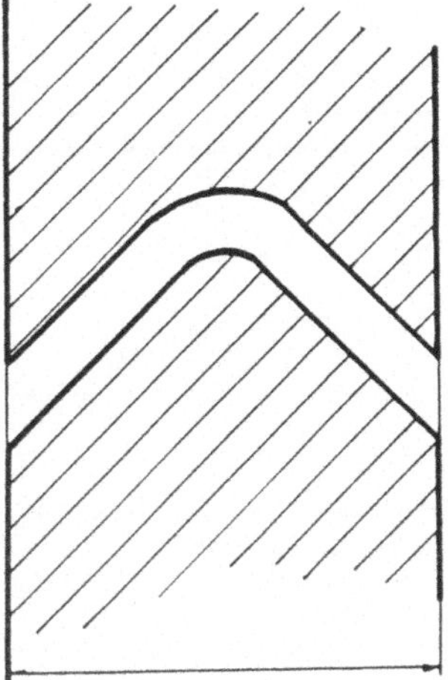

Fig. 4.6:

Vorschlag für die Form einer Leitungsdurchführung durch eine
dicke Abschirmwand

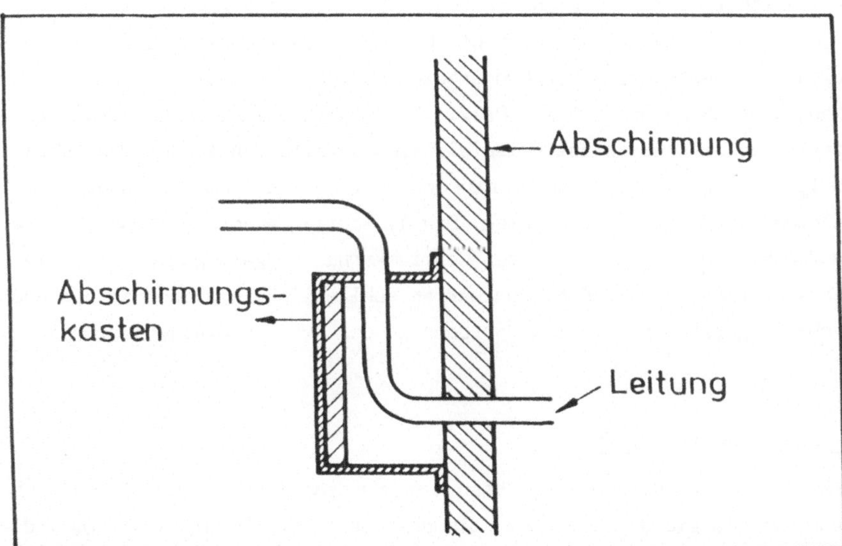

Fig. 4.7: Vorschlag für eine Leitungsdurchführung durch eine dünne Abschirmwand (aus /4.20/)

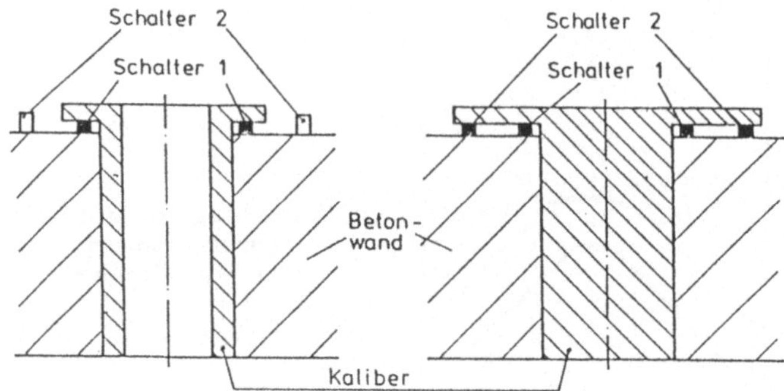

Fig. 4.8:   Beispiel für eine Produktdurchführung bei der Bestrahlung von
Materialien mit einem Elektronenbeschleuniger
links: Durchführung geöffnet, Kaliber an Produkt angepaßt,
Schalter 1 geschlossen, Schalter 2 geöffnet,
rechts: Durchführung geschlossen, Schalter 1 und 2 geschlossen

4.8.3   Tore

Um Tore möglichst dünn und leicht und damit gut handlich zu halten, greift
man im Fall von Photonenstrahlung trotz höherer Materialkosten auf Abschirmmaterialien mit besonders hoher Ordnungszahl zurück (z.B. Blei).
Gegen Neutronen haben sich in der Praxis Mehrschichtabschirmungen bewährt.
Eine effektive Kombination ist beispielsweise jeweils von innen nach außen:
10 cm Holz, gefolgt von 0,1 cm Cadmium und schließlich 1 cm Blei oder 5 cm
Borkunststoff, gefolgt von 1 cm Blei. Die 1. Schicht absorbiert und moderiert
die Neutronen, die dann in Bor- oder Cadmiumkernen eingefangen werden, die
dabei entstehenden Einfang-Photonen werden schließlich zusammen mit den aus
dem Beschleunigerraum gestreuten Photonen in der letzten Bleischicht absorbiert.

4.9   Abschirmmaterialien

Zur wirksamen Strahlenabschirmung kann man grundsätzlich jedes Material nehmen, wenn nur die Dicke ausreichend dimensioniert ist, um die Kerma bzw. die
Äquivalentdosis auf akzeptable Werte zu reduzieren. Zu den wichtigsten Gesichtspunkten bei der Auswahl gehören jedoch die Kosten und der Platzbedarf
der Abschirmung. Gebräuchliche Abschirmmaterialien sind mit dem Variations-
bereich ihrer Dichte in Tab. 4.10 zusammengestellt. Nach Möglichkeit greift
man auf Normalbeton zurück, der im allgemeinen am kostengünstigsten ist und
bautechnische Vorzüge hat. Betone unterscheiden sich nach Art der Zuschlag-

stoffe und der damit erreichbaren Dichten. Die Abschirmwirkung hängt neben der Dichte auch von der atomaren Zusammensetzung des Zuschlagstoffes ab. Es reicht z.B. nicht aus, Barytbeton durch Eisenerzbeton gleicher Dichte zu ersetzen, was aus Kostengründen hin und wieder praktiziert wird. Die Folge davon können kostspielige Nachrüstungen sein, wenn die erforderliche Abschirmwirkung verfehlt worden ist. Zu warnen ist auch davor, für bestimmte Materialien von maximal möglichen Dichten auszugehen, da diese in der Praxis - wenn überhaupt - nur durch zusätzliche Kosten realisierbar sind (z.B. durch Stampf-Rüttel-Verdichtung). Bei der Wahl der Betonsorte ist auch darauf zu achten, daß der Aushärtungsprozeß bei den hohen Wanddicken ordnungsgemäß erfolgen kann. Auf die Übergangszonen zwischen zwei verschiedenen Abschirmungsmaterialien ist besonders zu achten (vgl. Fig. 4.9).

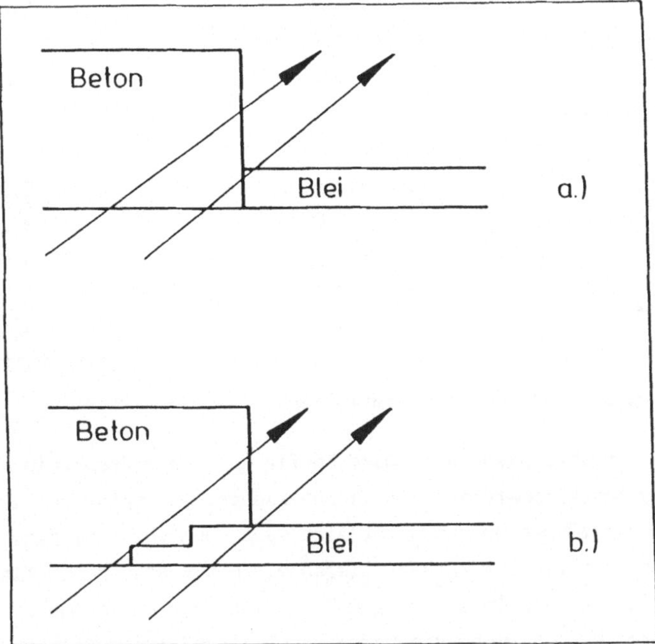

Fig. 4.9: Übergangszone zweier verschiedener Abschirmungsmaterialien (hier Blei/Beton) bei schrägem Strahleneinfall
a) nicht ausreichend abgeschirmte Übergangszone
b) durch Überlappung ausreichend abgeschirmte Übergangszone
(aus/4.20/)

In der Strahlentherapie reichen die notwendigen Abschirmdicken in Normalbeton von 0,5 m (gegen Sekundärstrahlung) bis zu 2 m (Primärstrahlung), so daß man in Primärstrahlungsrichtung die Wände aus Platzgründen oft in Barytbeton

ausführt (Dicke: 1,2 m). Beschleunigeranlagen mit höheren Energien und Strahlleistungen benötigen wesentlich mehr baulichen Strahlenschutz, da außerdem
weitere stark durchdringende Teilchen, z.B. Mesonen, Neutronen, sekundär erzeugt werden können. In der Literatur /4.14/ bis /4.19/ findet man weitere
Hinweise auf die Technik der Strahlenabschirmung mit verschiedenen Betonsor-
ten.

Material	Bereich der Dichte (g cm^{-3})	übliche Dichte (g cm^{-3})
Blei	11,35	11,35
Eisen	7,8	7,8
Stahlschrott	4,0 - 6,0	5,5
Bleiglas	3,3 - 6,2	3,3
Sand	1,6 - 1,9	1,6
Erde	1,5 - 1,9	1,5
Wasser	1,0	1,0
Holz	0,5 - 0,9	0,8
Beton:		
Normalbeton	2,2 - 2,4	2,3
Baryt	3,0 - 3,8	3,2
Limonit	2,6 - 3,7	3,0
Ilmenit	2,9 - 3,9	3,5
Magnetit	2,9 - 4,0	3,5

Tab. 4.10: Gebräuchliche Abschirmmaterialien

Bei großen Forschungsbeschleunigern wird häufig zur Kostenersparnis versucht,
das Erdreich als Abschirmmaterial mit einzubeziehen, was natürlich auch bei
anderen Beschleunigertypen durchaus nützlich sein kann. Bei Anlagen, die unterhalb des Erdniveaus errichtet werden, liegen die Mehrkosten durch Tiefbauar-
beiten oft deutlich unterhalb derjenigen Summe, die man durch Ausnutzung der
kostenlosen Erdreichabschirmung einsparen kann. Allerdings müssen der Aktivierung von Erdreich bzw. Grundwasser Beachtung geschenkt werden (vgl. Abschn. 5.6 und /4.18/). In den meisten Fällen wird diese vernachlässigbar
sein; entsprechende Überlegungen, Rechnungen und Abschätzungen sind aber -
wohl im Rahmen einer Errichtungsgenehmigung - anzustellen.
Benutzt man Beton, Sand oder Erdreich zur Abschirmung, so muß man die Dichte
des tatsächlich benutzten Materials auch wirklich zugrunde legen, wobei aus-
serdem mögliche Inhomogenitäten zu berücksichtigen sind. Die äquivalente

Dicke x in Normalbeton (Dichte = 2,3 g cm^{-3})läßt sich für Sand, Erdreich etc. in 1. Näherung folgendermaßen abschätzen:

$$x(Beton) = \frac{\rho \ (Material)}{\rho \ (Beton)} \cdot x(Material) \qquad (4.14)$$

Blei als Abschirmmaterial wird man sinnvollerweise nur für dünnere Abschirmungen, z.B. für Zugangstüren, benutzen, und zwar hauptsächlich gegen gestreute Photonenstrahlung. Blei und Eisen werden oft als Targetabschirmung oder Kollimator verwendet, wenn der Platzbedarf anderer Abschirmmaterialien Probleme verursacht. Bei der Nutzung von Blei als Abschirmung sind Vorkehrungen gegen das sogenannte Fließen erforderlich, z.B. durch ganzflächige Verklebungen oder andere Abstützungen.
Zur Abschirmung von Neutronen ist wasserstoffhaltiges Material günstig, da die Neutronen durch elastische Streuung an den Wasserstoffkernen thermalisiert und schließlich von geeigneten Elementen (z.B. Bor oder Cadmium) über (n,γ)-Prozesse eingefangen werden können. Durch seinen Wassergehalt gilt Beton als äußerst effektiv zur Abschirmung von Neutronen. Der elastische Streuquerschnitt ist allerdings bei hohen Neutronenenergien klein, so daß man vorteilhaft bei schnellen Neutronen die Energie durch inelastische Streuung an Elementen höherer Ordnungszahl (z.B. Eisen) so weit vermindert, daß anschliessend der oben beschriebene Abbremsungsvorgang auf thermische Geschwindigkeiten stattfinden kann. Die dann beim Einfang der Neutronen entstehende Gammastrahlung wird man sinnvollerweise durch eine Schicht aus Materialien hoher Ordnungszahl (z.B. Blei) abschirmen.

5. Aktivierung, Erzeugung radioaktiver Stoffe   H.J. Probst

5.1 Einführung

Bei den meisten Beschleunigern geht zwar die größte Gefährdung durch die während des Betriebes emittierte prompte Strahlung aus (die aus diesem Grunde erforderlichen Maßnahmen sind in Kap. 4 und 6 ausführlich beschrieben), jedoch ist an vielen Beschleunigern für die praktische Strahlenschutztätigkeit die Konsequenz aus der Aktivierung (starke inhomogene Strahlungsfelder, Kontaminationen, Konzentrationen radioaktiver Stoffe in Luft und Wasser, Anfall großer Mengen von Struktur- und Abschirmmaterial mit geringer Konzentration radioaktiver Stoffe) ebenso bedeutsam. Es gibt viele Aspekte (gesundheitliche, rechtliche, ökologische, ökonomische u.a.), unter denen die durch die Aktivierung entstandene Situation gesehen und behandelt werden muß. Bei dieser sachgemäßen Behandlung ist vor allem die Kenntnis und der Einfluß der für die Aktivierung wichtigen Faktoren und ihr Zusammenwirken von großer Bedeutung. Da dies durch die sogenannte "Aktivierungsgleichung" beschrieben wird, soll diese an den Anfang der weiteren Ausführungen gestellt werden.

5.2   Aktivierungsgleichung

Wenn Atomkerne, Elementarteilchen oder γ-Strahlung mit anderen Atomkernen (Festkörper, Flüssigkeiten, Dämpfe (Atomstrahlen), Gase) reagieren, werden in den meisten Fällen Atomkerne gebildet, die spontan ionisierende Strahlen aussenden. Stoffe, die solche Atomkerne enthalten, werden im allgemeinen als radioaktive Stoffe bezeichnet. Für diese Stoffe gibt es eine charakteristische Zeit - die Halbwertszeit T -,nach deren Ablauf sich die Anzahl einer anfangs vorhandenen Menge radioaktiver Atomkerne einer ganz bestimmten Art (gleiches Atomgewicht, gleiche Ordnungszahl und gleicher Anregungszustand) auf die Hälfte reduziert hat. Gruppen von radioaktiven Atomkernen, die die genannten gleichen Eigenschaften besitzen, werden Radionuklide oder radioaktive Nuklide genannt. Im allgemeinen ist mit der Aussendung der ionisierenden Strahlen eines radioaktiven Atomkerns eine Kernumwandlung verbunden, jedoch sind nach obiger Festlegung auch Atomkerne, bei denen die Aussendung mit einem Isomerenübergang verbunden ist, als radioaktiv anzusehen. Die Anzahl der pro Zeitintervall auftretenden Kernumwandlungen bzw. Isomerenübergänge[x) eines Radionuklids oder Radionuklidgemisches wird als Aktivität des radioaktiven Stoffes bezeichnet. Die abgeleitete SI-Einheit der Aktivität eines radioaktiven Stoffes ist das Becquerel (Einheitszeichen: Bq). Seine Definition lautet nach der "Zweiten Verordnung zur Änderung der Ausführungsverordnung zum Gesetz über Einheiten im Meßwesen"/3.14/: 1 Becquerel (Bq) ist gleich der Aktivität einer Menge eines radioaktiven Nuklids, in der der Quotient aus dem statistischen Erwartungswert für die Anzahl der Umwandlungen oder isomeren Übergänge und der Zeitspanne, in der diese Umwandlungen oder Übergänge stattfinden, dem Grenzwert 1/Sekunde (s^{-1}) bei abnehmender Zeitspanne zustrebt (kurz: 1 Bq $\hat{=}$ 1 s^{-1}).

---

x) Der Einschluß der Isomerenübergänge geht über die Definition der Anlage I zur StrlSchV /3.1/ hinaus, ist aber insbesondere aufgrund der Definition des radioaktiven Stoffes im AtG /3.2/ und der Definition des Becquerel (s.o.) sinnvoll bzw. notwendig.

Die Menge eines Radionuklids, die bei einer Bestrahlung gebildet wird und die Abhängigkeit von der Bestrahlungs- und Abklingzeit ergibt sich aus der folgenden Aktivierungsgleichung:

$$A = L \cdot h \cdot \frac{\rho}{M} \cdot (1-e^{-\lambda \cdot t_B}) \cdot e^{-\lambda \cdot t_K} \cdot \int_0^{V_o} \int_0^{E_o} \sigma(E) \cdot \frac{d\phi(E)}{dE} \cdot dE \cdot dV$$

$$(5.1)$$

A: Aktivität des gebildeten Radionuklids (in Bq); L: Loschmidt'sche Zahl (L = $6{,}023 \cdot 10^{23}$), h: Häufigkeit des Isotops im betrachteten Targetmaterial (Bestrahlungsmaterial), ρ: Dichte bzw. Partialdichte des betrachteten Targetmaterials (in g $\cdot$ cm^{-3}); M: Atomgewicht des betrachteten Targetmaterials (in g), λ: Zerfallskonstante des gebildeten Radionuklids (in s^{-1}), ($\lambda = \ell n2/T$ mit T: Halbwertszeit des gebildeten Radionuklids (in s)), t_B: Bestrahlungszeit (in s), t_K: Kühl(Abkling)zeit (in s); $\phi(E)$: Flußdichte für die die Reaktion auslösenden Teilchen bzw. Photonen (in Anzahl cm^{-2} s^{-1}); V_o: Volumen, in dem die Aktivität berechnet wird (in cm^3); dV: Volumenelement von V_o (in cm^3); dE: jeweiliges Energieintervall der die Reaktion auslösenden Teilchen bzw. Photonen (in MeV), E_o: Primärenergie der Teilchen bzw. Photonen (in MeV); $\sigma(E)$: Wirkungsquerschnitt für die betrachtete Reaktion (in cm^2). Der Wirkungsquerschnitt wird meist in der Einheit barn (Einheitszeichen: b) angegeben (1b $\hat{=}$ 10^{-24} cm^2).

Die Aktivierungsgleichung in der Form der Gl. (5.1) ist insbesondere für die Berechnung bei ausgedehnten Strahlungsfeldern, wie sie vor allem bei Neutronen und γ-Strahlung üblich sind, geeignet. Bei Aktivierung durch geladene Teilchen (z.B. Protonen, Deuteronen, α-Teilchen, Schwerionen) ist für die Berechnung der Aktivität die folgende Form der Aktivierungsgleichung günstiger:

$$A = L \cdot h \cdot \frac{\rho}{M} \cdot (1-e^{-\lambda \cdot t_B}) \cdot e^{-\lambda \cdot t_K} \cdot \int_0^{E_o} \sigma(E) \cdot \beta(E) \cdot \frac{1}{S(E)} \cdot dE$$

$$(5.1a)$$

$\beta(E)$: Quellstärke bzw. Strahlstrom (in Anzahl $\cdot$ s^{-1}), S(E): stopping power oder lineares Bremsvermögen (in MeV $\cdot$ cm^{-1}); die Dimension der anderen Grössen siehe bei Gl. (5.1).

Aus Gl. (5.1) ergibt sich für die Sättigungsaktivität A_s, d.h. für die Aktivität, die sich für $t_B \geq T$ (genau: $t_B \to \infty$) und $t_K = 0$ einstellt, folgende Relation:

$$A_S = L \cdot h \cdot \frac{\rho}{M} \cdot \int_0^{V_o} \int_0^{E_o} \sigma(E) \cdot \frac{d\phi(E)}{dE} \cdot dE \cdot dV \qquad (5.2)$$

Analog folgt aus Gl. (5.1a):

$$A_S = L \cdot h \cdot \frac{\rho}{M} \cdot \int_0^{E_0} \sigma(E) \cdot \beta(E) \cdot \frac{1}{S(E)} \cdot dE \qquad (5.2a)$$

Wie die Gln. (5.1) und (5.1a) zeigen, ist die zu einem bestimmten Zeitpunkt vorhandene Aktivität neben den zeitabhängigen Termen $(1-e^{-\lambda \cdot t_B})$ und $e^{-\lambda \cdot t_K}$ insbesondere von der jeweiligen Sättigungsaktivität abhängig. Abgesehen von den Gasen, für die $\frac{\rho}{M}$ ungefähr den Wert $4,5 \cdot 10^{-5}$ cm^{-3} (einatomig) oder $9 \cdot 10^{-5}$ cm^{-3} (zweiatomig) beträgt, variiert diese Größe für die übrigen stabilen Elemente zwischen etwa $0,014$ cm^{-3} (Cäsium) und $0,22$ cm^{-3} (Bor). Im Verhältnis zu den anderen Größen, die den Wert der Sättigungsaktivität bestimmen, kann dieser Schwankungsbereich als gering angesehen werden und hat deshalb geringe Bedeutung. Lediglich bei Gemischen, Verbindungen und Legierungen kann $\frac{\rho}{M}$ wichtig sein. So ist im allgemeinen Kobalt im Stahl nur als Spurenelement vorhanden, folglich ist das durch thermische Neutronen erzeugte ^{60}Co von geringer Bedeutung. Es gibt aber auch Stähle, die einen Co-Gehalt von mehr als 10 % besitzen. In diesen Stählen wird dann bei längerer Bestrahlung mit thermischen Neutronen (im allgemeinen unerwartet) eine merkliche ^{60}Co-Aktivität erzeugt, die wegen der langen Halbwertszeit und der großen γ-Dosisleistungskonstanten unangenehme Konsequenzen hat.

Größere Bedeutung für die Sättigungsaktivität hat im allgemeinen der Wirkungsquerschnitt $\sigma(E)$ und die Aktivierungsflußdichte $\phi(E)$ bzw. (bei Aktivierung durch geladene Teilchen) $\beta(E)$. Fig. 5.1 zeigt den energieabhängigen Verlauf von Wirkungsquerschnitten einiger typischer Reaktionen. Die dargestellten Kurven werden im allgemeinen Anregungsfunktion genannt. Die Beschreibung einer Reaktion wird in der Form A(x,y)B vorgenommen. Diese Schreibweise besagt folgendes: Nach Reaktion eines Teilchens oder Photons x mit einem Isotop A werden aus dem gebildeten Zwischenkern die Teilchen und/oder Photonen y emittiert, nach Ablauf dieser Reaktion ist das Nuklid oder Radionuklid B entstanden. (Mit ^{27}Al(α,3p)^{28}Mg wird also zum Beispiel die Reaktion bezeichnet, bei der nach Auftreffen eines α-Teilchens auf ^{27}Al drei Protonen emittiert werden, wodurch dann das Radionuklid ^{28}Mg entsteht).

Der große Einfluß, den der Wirkungsquerschnitt auf die Sättigungsaktivität besitzt, ergibt sich, wie aus Fig. 5.1 ersichtlich, im wesentlichen dadurch, daß

- sich Wirkungsquerschnitte innerhalb einer Anregungsfunktion um mehrere Dekaden, unterscheiden können, (also eine starke Energieabhängigkeit besitzen),

- 81 -

- sich die Maxima verschiedener Anregungsfunktionen ebenfalls um viele Dekaden unterscheiden können,
- die Energieabhängigkeit sehr verschieden sein kann und
- die Wirkungsquerschnitte entweder im großen Energiebereich oder völlig unbekannt sind, in diesem Fall ist die in /5.1/ dargestellte Systematik der durch geladene Teilchen induzierten Kernreaktionen hilfreich.

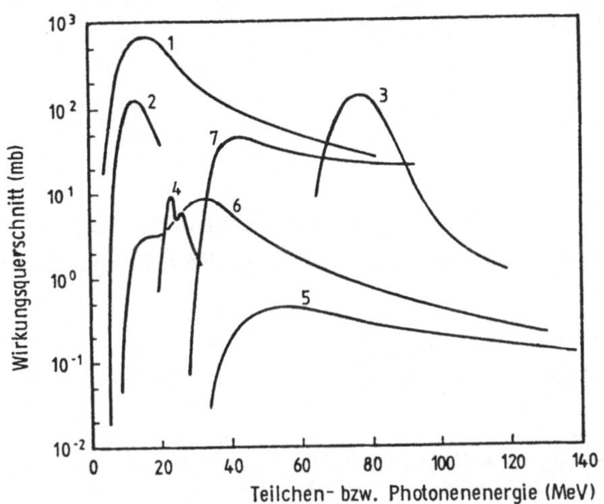

Fig. 5.1:   Typische Anregungsfunktionen:
1: ^{51}V(d,2n)^{51}Cr, 2: ^{27}Al(n,α)^{24}Na, 3: ^{198}Pt(^{14}N,5n)^{207}At,
4: ^{12}C(γ,n)^{11}C, 5: ^{27}Al(α,3p)^{28}Mg, 6: ^{nat}Ti(^{3}He,x)^{48}Cr (effektive Wirkungsquerschnitte),7: ^{27}Al(p,3p3n)^{22}Na (Bildungsquerschnitte)

Fig. 5.1 zeigt auch, daß die Anregungsfunktionen zur niedrigen Energie hin steil abfallen. Für viele Reaktionen gibt es eine bestimmte Energie, unterhalb derer die Reaktion nicht mehr ablaufen kann. Der Grund für das Vorhandensein einer solchen Energie liegt darin, daß das einfallende Teilchen genügend kinetische Energie besitzen muß, um entsprechend der Masse-Energie-Relation den Massenzuwachs , der sich durch die Reaktion ergibt, ausgleichen zu können, d.h. es muß folgende Relation gelten:

$$Q = (M_A + M_x) - (M_B + M_y)) \cdot c^2 \qquad (5.3)$$

Q : negativer Wert der kinetischen Energie des einfallenden Teilchens oder Photons, der zum Massenausgleich nach der Reaktion benötigt wird, M_A, M_x, M_B, M_y: Atomgewicht der Ruhemassen des Targetisotops A, des einfallenden Teilchens x (für Photonen ist $M_x = 0$), des entstandenen Radionuklids B, der

emittierten Teilchen y (für Photonen ist $M_y = 0$), c: Lichtgeschwindigkeit.
(Für einige Reaktionen ist $Q \geq 0$. In diesen Fällen ist der Energieerhaltungs-
satz für alle Energien des einfallenden Teilchens erfüllt).

Neben der Energieerhaltung (Gl. (5.3)) muß bei Kernreaktionen auch der Im-
pulserhaltungssatz erfüllt sein. Dies hat zur Folge, daß für negative Q-Werte die zum Ablauf der Reaktion minimal mögliche kinetische Energie E_s des
einfallenden Teilchens (Schwellenenergie) größer als $|Q|$ sein muß. Für den
nichtrelativistischen Fall gilt folgende Relation:

$$E_s = - Q \cdot (1 + \frac{M_x}{M_A}) \cdot \qquad (5.4)$$

(für $Q \geq 0$ ist $E_s = 0$).

Für geladene Teilchen ist außerdem zu berücksichtigen, daß sie bei Annäherung
an den Targetkern eine Coulomb-Abstoßung erfahren. Um diese Coulomb-Barriere,
die näherungsweise nach der Relation

$$E_c \simeq (1 + \frac{M_x}{M_A}) \cdot \frac{1,02 \cdot Z_x \cdot Z_A}{M_x^{1/3} + M_A^{1/3}} \qquad (5.5)$$

E_c: Energie der Coulomb-Barriere (in MeV); Z_x, Z_A: Ordnungszahl des einfallenden Teilchens x bzw. des Targetisotops A; (M_x, M_A sind dimensionslos in die
Gl. (5.5) einzusetzen)

bestimmt werden kann, überwinden und in den Targetkern eindringen zu können,
würden sie bei klassischer Betrachtungsweise eine kinetische Energie benötigen, die mindestens der Coulomb-Barriere entspricht. Bei quantenmechanischer
Betrachtungsweise folgt allerdings, daß ein Tunneleffekt besteht, wodurch
auch Teilchen mit geringerer kinetischer Energie als der Energie der Coulomb-
Barriere in den Targetkern eindringen können. Ein Beispiel für die Berechnung
des Q-Wertes, der Schwellenenergie und der Coulomb-Barriere ist in Abschn.
7.5.1 gegeben.

In Fig. 5.1 sind als Beispiel zwei Anregungsfunktionen - $^{nat}\mathrm{Ti}(^3\mathrm{He},x)^{48}\mathrm{Cr}$
und $^{27}\mathrm{Al}(p,3p3n)^{22}\mathrm{Na}$ - eingetragen, die von der oben beschriebenen Form abweichen bzw. allgemeiner zu verstehen sind. Im ersten Fall sind die Wirkungsquerschnitte angegeben, die die Produktion von $^{48}\mathrm{Cr}$ beschreiben, wenn Titan
in natürlicher Isotopenzusammensetzung als Bestrahlungsmaterial und $^3\mathrm{He}$ als
Bestrahlungsteilchen benutzt werden. Es handelt sich hierbei also um die entsprechend der Isotopenhäufigkeit gemittelten Summen der Einzelwirkungsquer-
schnitte der Reaktionen $^{46}\mathrm{Ti}(^3\mathrm{He},n)^{48}\mathrm{Cr}$, $^{47}\mathrm{Ti}(^3\mathrm{He},2n)^{48}\mathrm{Cr}$,
$^{48}\mathrm{Ti}(^3\mathrm{He},3n)^{48}\mathrm{Cr}$,

^{49}Ti(^{3}He,4n)^{48}Cr und ^{50}Ti(^{3}He,5n)^{48}Cr. Wirkungsquerschnitte dieser Art
werden im allgemeinen als effektive Wirkungsquerschnitte bezeichnet.
In der zweiten Anregungsfunktion würden sich nach oben genannter Erklärung
3 Protonen + 3 Neutronen als emittierte Teilchen y ergeben. In diesem Fall
sind unter y aber alle Teilchenkombinationen zu verstehen, deren Bestandtei-
le zusammen 3 Protonen + 3 Neutronen ergeben, also zum Beispiel 1 α-Teilchen
+ 1 Deuteron oder 1 α-Teilchen + 1 Proton + 1 Neutron oder 1 ^{3}He-Teilchen +
1 ^{3}H-Teilchen. Die in Fig. 5.1 eingetragenen Wirkungsquerschnitte sind also die Summen der Wirkungsquerschnitte für die Reaktionen, die für ^{27}Al als
Bestrahlungsisotop und Protonen als Bestrahlungsteilchen auf das produzierte
Radionuklid ^{22}Na führen. Wirkungsquerschnitte dieser Art werden im allgemeinen als Bildungsquerschnitte bezeichnet. Falls ein Wirkungsquerschnitt nicht
eine spezielle Reaktion beschreibt, sondern als Bildungsquerschnitt anzusehen ist, der eine Gruppe von Reaktionen beinhaltet, muß zur Vermeidung von
Verwechslungen auf diesen Sachverhalt hingewiesen werden. Der Vollständig-
keit halber ist noch zu erwähnen, daß die beiden Fälle auch gleichzeitig vorkommen können und in der Praxis von Bedeutung sind; als Beispiel kann die
Reaktion ^{nat}Fe(α,x)^{54}Mn genannt werden. Eine kleine Literaturauswahl über
Wirkungsquerschnitte geladener Teilchen ist in /5.2/ bis /5.6/ zusammengestellt.
Neben den Wirkungsquerschnitten ist für die Aktivierung die Intensität, die
räumliche und energetische Verteilung und die Art der reagierenden Teilchen
wichtig. Es ist sinnvoll, zwischen den geladenen Primärteilchen und den Se-
kundär- bzw. Tertiärteilchen zu unterscheiden.
Die geladenen Primärteilchen verlieren beim Eindringen ins Bestrahlungsmaterial im wesentlichen durch Wechselwirkung mit den Hüllenelektronen dieses Materials kontinuierlich an Energie. Der Energieverlust pro Längenintervall
wird im allgemeinen "stopping power" (lineares Bremsvermögen, lineare Energie-
übertragung o.ä.) genannt. Er hängt stark von der Teilchensorte, von der jeweiligen Teilchenenergie und von der Art des Bestrahlungsmaterials (Atomgewicht, Aggregatzustand, Druck, u.a.) ab. Fig. 5.2 zeigt einige typische stopping power-Kurven. Durch den o.g. kontinuierlichen Energieverlust wird bewirkt, daß geladene Teilchen mit gleichen Eigenschaften nur bis in eine ganz
bestimmte Tiefe in ein Bestrahlungsmaterial eindringen können. Diese Eindringtiefe wird Reichweite genannt. Auf Details wie den Einfluß von Viel-
fachstreuung und Energiestraggling auf die Reichweite, auf den Unterschied
zwischen projizierter Reichweite und Weglänge soll hier nicht eingegangen wer-

den, da sie im Zusammenhang mit Aktivierung nur geringe Bedeutung haben. Die
Reichweite selbst ist für die Aktivierung durchaus von Bedeutung. Denn wie
Fig. 5.2 zeigt, sind die Reichweiten von geladenen Teilchen, abgesehen von
Elektronen und leichten hochenergetischen Primärteilchen, klein. Die vom
Primärstrahl erzeugte Aktivität ist also, zumal häufig die weitere Forderung
nach geringer Ausdehnung des Strahlquerschnitts besteht, auf ein kleines Volumen konzentriert. Neben der daraus folgenden hohen Aktivitätskonzentration
wird von solchen Aktivitätskonfigurationen ein starkes Strahlungsfeld in der
Nähe der Aktivität aufgebaut, und schon sehr geringe abgewischte Mengen erzeugen intensive Kontaminationen. Literatur zu stopping power und Reichweite
von geladenen Teilchen ist unter /5.7 bis /5.13/ aufgeführt.

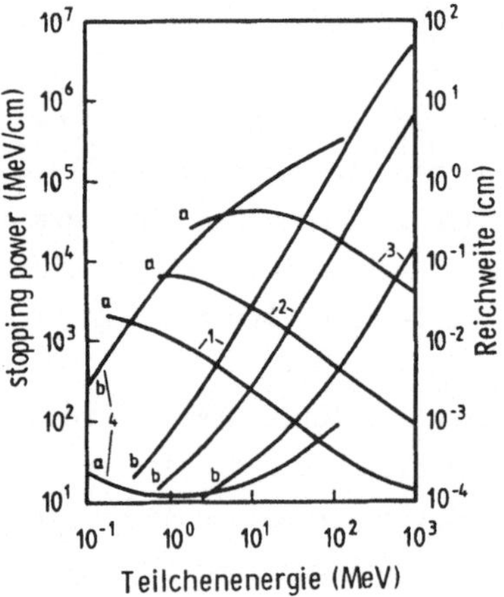

Fig. 5.2:   Typische stopping power (a)- und Reichweite (b)-Kurven:
1: Protonen auf Kupfer; 2: α-Teilchen auf Kupfer; 3: Sauer-
stoffionen auf Kupfer; 4: Elektronen auf Kupfer. (linke Skala: stopping power; rechte Skala: Reichweite)

In Gl. (5.1a) bzw. (5.2a) ist der Strahlstrom $\beta(E)$ der Primärteilchen als eine
energieabhängige Größe bezeichnet. Damit soll ausgedrückt werden, daß mit dem
Energieverlust der Primärteilchen beim Eindringen ins Bestrahlungsmaterial
(entsprechend der stopping power) auch ein Intensitätsverlust des Strahlstroms einhergeht, der durch das Ausscheiden der reagierenden Primärteilchen
mit den Targetatomkernen bewirkt wird. Die Strahlstromänderung pro Energie-
intervall $\frac{d\beta(E)}{dE}$ beträgt $-\sigma_t(E) \cdot \frac{L \cdot \rho}{M} \cdot \frac{\beta(E)}{S} \cdot$ ($\sigma_t(E)$: totaler Wirkungsquerschnitt für Ereignisse, die das Ausscheiden der Primärteilchen im Energie-

intervall dE bewirken. Häufig kann für Energiebereiche ΔE oder für die gesamte Reichweite ein konstanter Wert σ_t und ein Mittelwert $\bar{S}$ verwendet werden. In diesem Fall kann die Stromänderung innerhalb ΔE leicht bestimmt werden. Wird mit I_A der in das betrachtete Energieintervall eintretende Strom bezeichnet, dann hat der austretende Strom den Wert $I_E = I_A \cdot e^{-\sigma_t \cdot L \cdot \rho \cdot \Delta E/(M \cdot \bar{S})}$.
Aus dieser Relation ergibt sich, daß für leichte Primärteilchen (Protonen mit $E_o \leq 10$ MeV, Deuteronen mit $E_o \leq 20$ MeV, α-Teilchen mit $E_o \leq 40$ MeV) der Intensitätsverlust bis zum Reichweitenende im ungünstigsten Fall nur wenige Prozent beträgt. Für Schwerionen gilt das sogar für Primärenergien bis zu einigen 100 bzw. einigen 1000 MeV. Andererseits folgt aus der Relation aber auch, daß für hochenergetische Protonen der Strahlstromverlust so groß ist, daß nur ein winziger Bruchteil der Primärteilchen das Reichweitenende erreich (Bei 1000 MeV-Protonen in Eisen durchdringt z.B. nur etwa das 10^{-7}-fache der Primärintensität die gesamte Reichweite.)
Einen großen Teil der Teilchenbeschleuniger bilden die Elektronenbeschleuniger. Im Zusammenhang mit der Aktivierung durch geladene Primärteilchen braucht auf diese Beschleuniger nicht eingegangen zu werden, da die durch elektroneninduzierte Reaktionen erzeugte Aktivität wegen des sehr geringen Wirkungsquerschnittes zu vernachlässigen ist.
Neben der Aktivierung durch den Primärstrahl, der im allgemeinen nur Teile im Vakuumsystem des Beschleunigers und der Strahlführung betrifft (da nur selten Primärstrahlen aus dem Vakuumsystem ausgeschleust werden), werden an Teilchenbeschleunigern auch Aktivierungen durch Sekundär- und Tertiärstrahlung verursacht. Bei Elektronenbeschleunigern wird die Aktivierung fast ausschließlich durch Sekundär- und Tertiärstrahlung erzeugt. An diesen Beschleunigern besteht die Sekundärstrahlung aus Photonen (im wesentlichen Bremsstrahlung), die durch das Abbremsen der Elektronen im Coulomb-Feld der Atomkerne des Bestrahlungsmaterials entstehen.
Da in Ionenbeschleunigern auch Elektronen (zwangsläufig) beschleunigt werden, ist auch dort Bremsstrahlung vorhanden. Außerdem wird in vielen Kernreaktionen neben der Teilchenemission auch prompte γ-Strahlung emittiert. An Ionenbeschleunigern ist diese Sekundärstrahlung jedoch wegen ihrer geringen Energie bzw. geringen Intensität gegenüber der sekundären Neutronenstrahlung, die die dominierende Sekundärstrahlung an einem Ionenbeschleuniger ist, für die Aktivierung zu vernachlässigen. Außerdem sind die neben Neutronen bei Reaktionen ebenfalls emittierten geladenen Teilchen als Teil der

Sekundärstrahlung wegen ihrer geringen Intensität und geringen Reichweite
ohne Bedeutung. Die Sekundärstrahlung kann infolge der Reaktionen, die sie
verursacht, wiederum Teilchen oder Photonen freisetzen (z.B. über (γ,n)-,
(n,p)-, $(n,2n)$-, (n,γ)-Reaktionen). Außer bei Hochenergiebeschleunigern, bei
denen eine solche Kaskadenwirkung für die Erzeugung ihres Strahlungsfeldes
charakteristisch ist, ist die so entstandene Tertiärstrahlung für die Aktivierung aber von geringer Bedeutung, wobei allerdings der thermische Neu-
tronenfluß eine gewisse Sonderstellung einnimmt.
Wie sich aus dem Vorhergehenden ergibt, sind alle Stellen, an denen merklich
Primärstrahlstrom verloren geht, Quellen für Sekundärstrahlung. Aus dieser
Eigenschaft folgt, daß das Sekundärstrahlungsfeld $\phi(E,\vec{r})$ an einem Beschleuniger als Überlagerung von mehr oder weniger vielen Einzelkomponenten mit
quasi Kugelcharakteristik räumlich sehr inhomogen ist, wobei zudem aus vielen Reaktionen noch Strahlungsfelder mit ausgeprägter Richtungsabhängigkeit
resultieren. Außerdem besitzt das Sekundärstrahlungsfeld wegen der Reaktions-
kinematik ein sehr breites Energiespektrum. Bei der Sekundärstrahlung ist,
ähnlich wie für den Primärstrahl diskutiert, beim Durchdringen größerer Ma-
terialdicken eine Schwächung der Strahlungsintensität zu berücksichtigen.
Die bisher diskutierten Faktoren der Aktivierungsgleichung bezogen sich auf
die Sättigungsaktivität. So wichtig diese Sättigungsaktivität in vieler Hinsicht auch ist, der Einfluß der Halbwertszeit T des erzeugten Radionuklids
darf dabei nicht vernachlässigt werden. So lassen sich durch Berücksichtigung
der durch die Halbwertszeit T bedingten Gesetzmäßigkeiten (Aktivitätsproduk-
tion $\sim (1-e^{-\ln2 \cdot t_B/T})$, Aktivitätsabfall $\sim e^{-\ln2 \cdot t_K/T}$) im praktischen Strahlenschutz an einem Beschleuniger große Effekte erzielen. Einen Hinweis da-
rauf gibt Fig. 5.3, in der der Aktivitätsverlauf eines für den Beschleunigerbetrieb typischen kurzlebigen Radionuklids (angenommene Halbwertszeit T =
20 Min, gesamte Bestrahlungszeit t_B = 10 Stunden) während und nach einer Bestrahlung dargestellt ist. In dieser Figur ist auf der Abszisse zuerst die
Bestrahlungszeit bis zum Bestrahlungsende aufgetragen und daran anschließend
die Abklingzeit, die am Bestrahlungsende beginnt. Die Ordinate zeigt die gerade vorhandene Aktivität als Bruchteil der maximal möglichen Sättigungsaktivität an. Man erkennt deutlich, daß kurzlebige Radionuklide und damit ein
großer Teil der an Beschleunigern erzeugten Nuklide schon nach kurzer Bestrahlungszeit die Sättigungsaktivität erreicht haben, bedeutsam ist aber,
daß die Aktivität dieser Radionuklide nach Bestrahlungsende schnell auf ver-
nachlässigbare Werte zerfallen ist. Auch wenn nach längeren Betriebszeiten

von Beschleunigern Radionuklide mit längeren Halbwertszeiten in größeren Mengen vorhanden sind, ist natürlich der Effekt zu berücksichtigen, daß nach Bestrahlungsende die kurzlebigen Radionuklide schnell zerfallen. Deswegen sind in der Strahlenschutzpraxis am Beschleuniger nach Bestrahlungsende Wartezeiten bis zum Beginn von Wartungs- oder Reparaturarbeiten häufig die Regel. Aktivierungen werden an Beschleunigern im allgemeinen unter verschiedenen Aspekten gesehen. Auf die Themen "Radionuklidproduktion", "Aktivierung der Struktur- und Abschirmmaterialien, Bodenaktivierung", "Luftaktivierung" und "Wasseraktivierung" wird im folgenden eingegangen.

5.3 Radionuklidproduktion

Die durch Aktivierung erzeugten radioaktiven Stoffe sind an vielen Beschleunigern unerwünsch. Ein Großteil der Beschleuniger produziert allerdings gezielt radioaktive Stoffe für die Anwendung in der Medizin, Biologie, Agronomie, wissenschaftlichen Forschung oder in anderen Bereichen. Bei der Produktion müssen verschiedene Gesichtspunkte beachtet werden. So werden von Radionukliden, die in der Medizin verwendet werden, im allgemeinen kurze Halbwertszeiten, hohe Reinheit des produzierten Radionuklides und geringe Strahlenbelastung des Patienten verlangt. Hinzu kommen noch Forderungen nach hoher Produktionsrate, hohen Aktivitätskonzentrationen, Erzeugungsmöglichkeit mit den vorhandenen Beschleunigern, billigem Bestrahlungsmaterial, sonstigen günstigen Zerfallseigenschaften der erzeugten Radionuklide, guter chemischer Trennbarkeit u.a.. Diese Forderungen widersprechen einander zum Teil. Deshalb müssen Prioritäten gesetzt und Kompromisse geschlossen werden. Eine ausführliche Zusammenstellung der in der Medizin angewendeten Radionuklide und ihre Produktionsreaktionen findet man in /5.14/.
Da bei der Radionuklidproduktion im allgemeinen die Bestrahlungsbedingungen (Targetmaterial und -dicke, Teilchensorte, Teilchenenergie, Strahlstromstärke, Bestrahlungszeit) weitgehend festliegen, ist hier der Maßnahmenspielraum des Strahlenschutzes etwas eingeschränkt. In diesem Zusammenhang sind deshalb Vor- und Nachsorgemaßnahmen wie z.B. Abschätzung der Art und Menge zwangsläufig miterzeugter Radionuklide, Festlegung des Arbeitsablaufes und der Arbeitsmittel beim Ausbau des bestrahlten Materials und anschließender physikalischer und chemischer Arbeitsgänge besonders wichtig.

5.4   Aktivierung der Struktur- und Abschirmmaterialien, Bodenaktivierung

Wie anfangs schon erwähnt, hat die Aktivierung der Struktur- und Abschirmmaterialien zwei wichtige Gesichtspunkte.

Zum einen erzeugt der Primärstrahl in den Maschinen- und Strahlführungskom-
ponenten hohe Aktivitätskonzentrationen. Dies hat zur Folge, daß sowohl hohe
Strahlungsfelder aufgebaut werden als auch durch geringen Abrieb schon intensive Kontaminationen entstehen. Es ist in diesem Zusammenhang zwar nicht möglich, alle Reaktionen aufzuführen, die durch den Primärstrahl ausgelöst werden, und die erzeugten Aktivitäten zu berechnen, jedoch sind in den Fig. 5.4a
und 5.4b einige für die zwangsläufige Aktivierung durch geladene Teilchen
wichtige Anregungs- bzw. Bildungsfunktionen dargestellt. Zur Veranschauli-
chung, welche Bedeutung die zwangsläufig aktivierten Materialien für den
Strahlenschutz haben, soll als Beispiel die von einem Protonenstrahl (Energie: 50 MeV, Strahlstrom: 20 μA) erzeugte Sättigungskonzentration in Kupfer
abgeschätzt und die sich daraus ergebenden relevanten Strahlenschutzwerte
abgeleitet werden. Nach Gl. (5.2a) ergibt sich unter der Annahme eines kon-
stanten Summenwirkungsquerschnitts von 2,5 barn und einer Reichweite von
3,9 mm eine Sättigungsaktivität von 10 TBq ($\simeq$ 300 Ci). Diese erzeugt bei einem angenommenen Strahlquerschnitt von 6 mm^2 eine Sättigungskonzentration
von 430 TBq/cm^3 ($\simeq$ 12000 Ci/cm^3). Für einen Abstand von mehr als etwa 1 cm
kann die Aktivität als punktförmig betrachtet werden. Mit einer angenommenen
γ-Dosisleistungskonstanten von 1 mGy $\cdot cm^2/(MBq \cdot h)$ ergibt sich in 1 m Abstand eine Dosisleistung von etwa 10^3 mGy/h (= 100 rad/h $\simeq$ 100 R/h). Bei den
angenommenen Bestrahlungsparametern beträgt die Strahlleistung 1 kW. Sie wird
bei der Strahlabsorption zum weitaus größten Teil in thermische Leistung um-
gewandelt. Es ist einsichtig, daß das bestrahlte Material, das in dem obi-
gen Beispiel nur ein Volumen von etwa 24 mm^3 ausfüllt (für schwerere Strahl-
teilchen und dichtere Bestrahlungsmaterialien ist das Volumen noch kleiner),
sehr hohe Temperaturen erreicht, wodurch Material und damit wegen der star-
ken Aktivitätskonzentration auch merklich Aktivität abgedampft werden. Dort
entstehen also starke Kontaminationen.

Aktivierungen durch den Primärstrahl reichen (teils wegen der geringen Reichweite, teils wegen des streifenden Auftreffens des Strahls auf das Material)
nur wenig tief ins Material hinein. Diese Konfiguration erlaubt es, daß auch
ein großer Teil der beim radioaktiven Zerfall emittierten β-Strahlung das aktivierte Material verlassen kann. Die Folge davon ist, daß in unmittelbarer

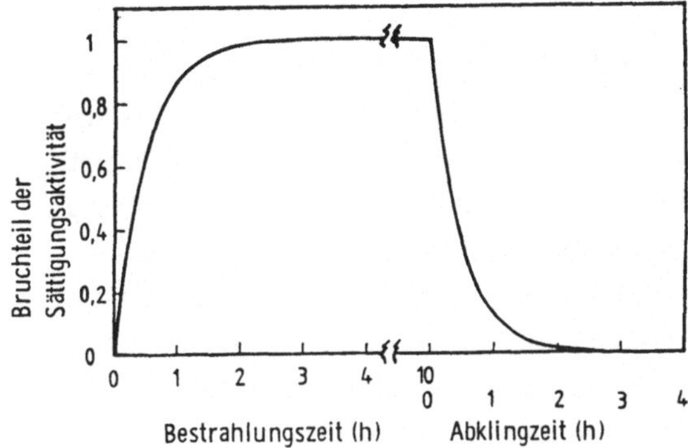

Fig. 5.3: Aktivitätsverlauf
eines Radionuklids mit T = 20
Minuten während und nach der
Bestrahlung

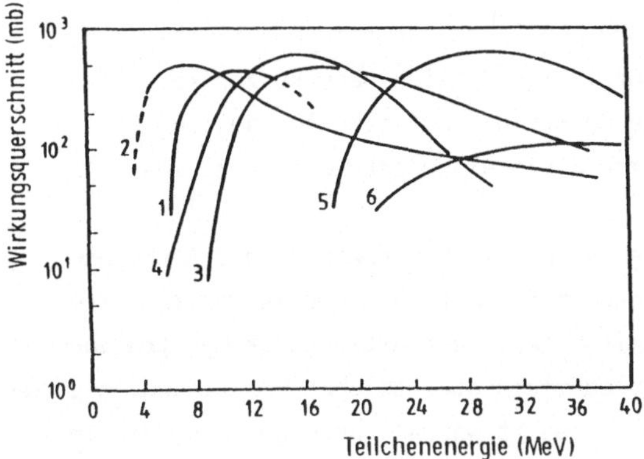

Fig. 5.4a: Einige für die
zwangsläufige Aktivierung in
Eisen und Kunststoff relevante Anregungsfunktionen:

1: $^{56}Fe(p,n)^{56}Co$,

2: $^{56}Fe(d,n)^{57}Co$,

3: $^{56}Fe(d,2n)^{56}Co$,

4: $^{54}Fe(\alpha,p)^{57}Co$,

5: $^{56}Fe(\alpha,pn)^{58}Co$,

6: $^{12}C(p,pn)^{11}C$

(Die Kurven 5 und 6 sind
Bildungsfunktionen)

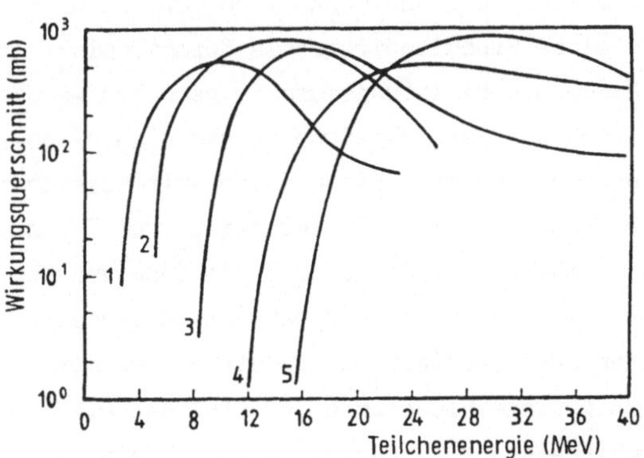

Fig. 5.4b: Einige für die
zwangsläufige Aktivierung in
Kupfer relevante Anregungsfunktionen:

1: $^{65}Cu(p,n)^{65}Zn$,

2: $^{65}Cu(d,2n)^{65}Zn$,

3: $^{63}Cu(\alpha,n)^{66}Ga$,

4: $^{65}Cu(p,pn)^{64}Cu$,

5: $^{63}Cu(\alpha,pn)^{65}Zn$

(Die Kurven 4 und 5 sind
Bildungsfunktionen)

Nähe des aktivierten Materials die durch die emittierte Strahlung erzeugte
Gesamtdosisleistung ein Vielfaches der Gamma-Dosisleistung ist. Am Isochronzyklotron in der KFA Jülich beträgt zum Beispiel in diesem Fall die Gesamtdosisleistung, also Beta- + Gamma-Dosisleistung, etwa das 10- bis 30-fache
der Gammadosisleistung. Diese Situation ist zu bedenken, wenn kein Beta-
Dosisleistungsmesser zur Verfügung steht und, wie im allgemeinen üblich, mit
Gamma-Dosisleistungsmessern die Ortsdosisleistung gemessen wird.
Die im o.g. Beispiel berechnete Dosisleistung der Sättigungsaktivität ist
recht hoch. Damit keine falschen Schlüsse gezogen werden, muß festgestellt
werden, daß in der Praxis wesentlich geringere Dosisleistungen (einige Prozent bzw. Bruchteile von Prozent des genannten Wertes) vorhanden sind. Denn
viele der erzeugten Radionuklide besitzen so lange Halbwertszeiten, daß während der Bestrahlung nur winzige Bruchteile der Sättigungsaktivität erzeugt
werden, andererseits sind viele kurzlebige Nuklide nach kurzer Zeit schon
zerfallen. Außerdem führen einige Reaktionen auf stabile Isotope. Schließlich ist für viele Nuklide die Gamma-Dosisleistungskonstante kleiner als der
im Beispiel genannte Wert.
An Elektronenbeschleunigern, an denen, wie vorher erwähnt, die Aktivierung
fast ausschließlich durch die sekundäre Bremsstrahlung erzeugt wird, treten
in der Nähe des Primärstrahls folglich geringere Aktivitätskonzentrationen
auf. Sie entsprechen an Ionenbeschleunigern etwa solchen Positionen, die zwar
nicht mehr von der Primärstrahlung erreicht werden, an denen aber die Intensität der Sekundärstrahlung noch hoch ist. Da in diesen Fällen die Aktivität
nicht mehr vorwiegend an der Oberfläche erzeugt wird, ist an solchermaßen
aktivierten Teilen auch die Beta-Dosisleistung von wesentlich geringerer Bedeutung. So kann an der Außenseite eines Beschleunigers die Gesamtdosisleistung mit geringem Fehler mit Gamma-Dosisleistungsmessern gemessen werden.
Es wurde schon darauf hingewiesen, daß das Sekundärstrahlungsfeld an Beschleunigern im wesentlichen eine Überlagerung mehrerer Einzelfelder mit Kugelcharakteristik ist. Aus diesem Grunde reduziert sich die Intensität des Feldes,
in diesem Fall also die Flußdichte, sehr stark für größere Abstände von der
Strahlungsquelle, speziell gilt das im allgemeinen für den Aufstellungsort
der Abschirmung, mit der die meisten Beschleuniger- und Bestrahlungsräume umgeben sind. (Eine für Aktivierungen geringe Flußdichte bedeutet natürlich
nicht, daß die von ihr erzeugte Dosisleistung so gering ist, daß keine Abschirmung mehr benötigt wird). Die im Abschirmungsmaterial und in anderen,
vom Primärstrahl weiter entfernten Gegenständen erzeugte Aktivitätskonzentration ist also niedrig, zumal innerhalb des Abschirmmaterials die Flußdichte

noch zusätzlich stark reduziert wird. Aber es sind große Mengen von solchen
schwach aktivierten Materialien vorhanden. Damit ist der zweite der im Zusammenhang mit der zwangsläufigen Aktivierung wichtigen Gesichtspunkte angesprochen. Denn bei einer Beseitigung dieser Materialien sind diese, auch wenn
ihre spezifische Aktivität das 10^{-4} fache der Freigrenzen der Anlage IV Tabelle IV 1 Spalte 4 der StrlSchV je Gramm nicht überschreitet, nach § 47 als
radioaktive Abfälle einer entsprechenden Sammelstelle zuzuleiten. Dabei darf
radioaktiver Abfall aus dem häuslichen, nicht beruflichen Bereich mit der
o.g. spezifischen Aktivität konventionell beseitigt werden. Die Vorschrift,
Abfall aus genehmigungsbedürftigem Umgang generell einer Sammelstelle zufüh-
ren zu müssen, ist nicht einsichtig, zumal die Beseitigung hohe Kosten verursacht, die anderweitig effektiver eingesetzt werden könnten. Außerdem wird
dadurch kostbarer Lagerraum verbraucht. Schließlich werden in vielen Fällen
auch unnötig Rohstoffe verschwendet.

Die von der Sekundärstrahlung ausgelöste Tertiärstrahlung kann, wie vorhin
schon erwähnt, für die Aktivierung an Beschleunigern im allgemeinen vernachlässigt werden, wobei allerdings drei Einschränkungen zu machen sind:
So können an Elektronenbeschleunigern die durch Kernphotoeffekte (und Quasi-
Deuteronenspaltung) ausgelösten Neutronen Beiträge zur Aktivierung liefern;
die Aktivierung durch Neutronen kann an vielen Stellen sogar überwiegen, wenn
die sekundäre Bremsstrahlung dadurch wesentlich stärker geschwächt wird als
die tertiäre Neutronenstrahlung.

Die zweite Einschränkung betrifft die thermischen Neutronen. Im Beschleuniger-
bzw. Bestrahlungsraum wird ein großer Teil der sekundär bzw. tertiär ausgelösten Neutronen durch elastische und inelastische Stöße in den Strukturma-
terialien und vor allem in der Abschirmung thermalisiert. Diese so entstandenen thermischen Neutronen sind für die Aktivierung an Beschleunigern durchaus von Bedeutung, zumal die durch thermische Neutronen ausgelösten Reaktionen im allgemeinen hohe Wirkungsquerschnitte besitzen. In /5.15/ ist die
folgende für die Praxis sehr nützliche und einfache Relation zur Bestimmung
der thermischen Neutronenflußdichte gegeben:

$$\phi_{th} = 1,25 \cdot \frac{\beta_n}{F} \qquad\qquad (5.6)$$

ϕ_{th}: Thermische Neutronenflußdichte (in Anzahl $\cdot$ cm^{-2} $\cdot$ s^{-1}), β_n: Quellstärke der "originären" Neutronen (in Anzahl $\cdot$ s^{-1}), F: innere Oberfläche der um-
schließenden Abschirmung (in cm^2).

Als dritte Einschränkung sind die an Hochenergiebeschleunigern herrschenden
Strahlungsfelder zu nennen. Da diese infolge von Kaskadenwirkung erst nach

mehreren Generationen aus der Primär- und Sekundärstrahlung entstanden sind,
ist die dort wirksame Strahlung vor allem Tertiärstrahlung.

Ähnliche Überlegungen wie für die Aktivierung der Abschirmmaterialien gelten
für den Boden, der teils gezielt zur Abschirmung genutzt wird, teils zwangsläufig als Fundament unter einem Beschleuniger durch Sekundär- (und Tertiär)-
Strahlung aktiviert wird. Soweit Boden als Abfall anfällt, gilt das gleiche,
was über die Abschirmmaterialien gesagt wurde. Bei der Bodenaktivierung ist
außerdem aber noch zu berücksichtigen, daß Sickerwasser oder Grundwasser die
im Boden aktivierten Radionuklide lösen kann, wodurch dann sekundär Aktivitätskonzentrationen im Grund- und Fließwasser erzeugt werden. Obwohl für eine Beurteilung die konkreten Gegebenheiten des Einzelfalls wichtig sind,
scheint die Bodenaktivierung generell ohne Bedeutung zu sein. Eine Abschätzung der im Boden aktivierten Nuklide für einen speziellen Fall ist in
/5.16/ gegeben.

5.5   Luftaktivierung

Neben den Maschinenteilen wird durch die Sekundärstrahlung zwangsläufig auch
die Luft im Beschleuniger- bzw. Bestrahlungsraum aktiviert. In Tab. 5.1 sind
die Reaktionen aufgeführt, die in diesem Zusammenhang besonders zu beachten
sind.

Erzeugungsreaktion	Halbwertszeit der erzeugten Nuklide	Schwellenenergie der Reaktion (MeV)	Zerfallsstrahlung der erzeugten Nuklide
$^{14}N(n,2n)^{13}N$	9,96 Min	11,4	β^+
$^{16}O(\gamma,n)^{15}O$	2,03 Min	15,7	β^+
$^{16}O(n,p)^{16}N$	7,13 Sek	10,2	β^-, γ
$^{16}O(n,2n)^{15}O$	2,03 Min	16,7	β^+
$^{14}N(\gamma,n)^{13}N$	9,96 Min	10,6	β^+
$^{49}Ar(n,\gamma)^{41}Ar$	1,83 Std	0	β^-, γ

Tab. 5.1:   Die an einem Beschleuniger für die Luftaktivierung relevanten
Reaktionen und Zerfallsdaten der erzeugten Radionuklide

Natürlich finden bei der Bestrahlung der Luft noch andere Reaktionen statt,
die produzierten Radionuklide sind jedoch aus verschiedenen Gründen (zu geringe Konzentration des Bestrahlungsisotops in Luft, zu kleiner Wirkungsquerschnitt bzw. zu hohe Schwellenenergie, zu lange oder zu kurze Halbwerts-

zeit des erzeugten Radionuklids) zu vernachlässigen.

Die Anregungsfunktionen für die in Tab. 5.1 aufgeführten Reaktionen sind in den Fig. 5.5a und 5.5b dargestellt. (Der Wirkungsquerschnitt für die durch thermische Neutronen ausgelöste Reaktion $^{40}Ar(n,\gamma)^{41}Ar$ beträgt 0,66 barn).

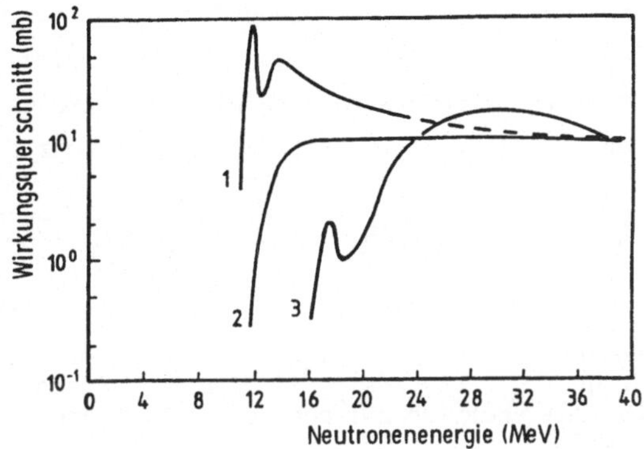

Fig. 5.5a: Für die Luftaktivierung relevante neutroneninduzierte Anregungs-funktionen:
1: $^{16}O(n,p)^{16}N$, 2: $^{14}N(n,2n)^{13}N$, 3: $^{16}O(n,2n)^{15}O$

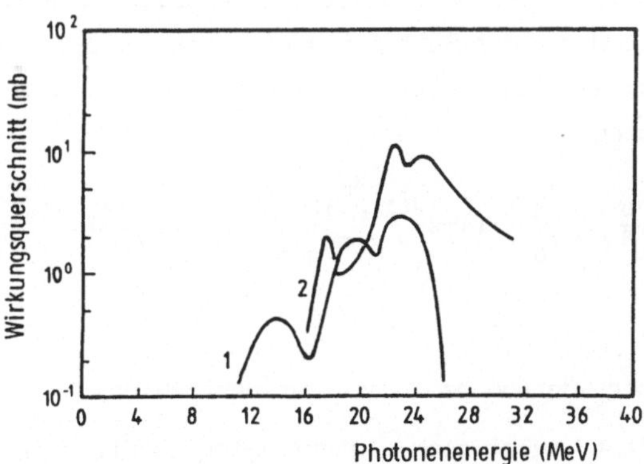

Fig. 5.5b: Für die Luftaktivierung relevante photoneninduzierte Anregungs-funktionen:
1: $^{14}N(\gamma,n)^{13}N$, 2: $^{16}O(\gamma,n)^{15}O$

Von den in Tab. 5.1 aufgeführten Reaktionen sind die in der 2. und 5. Zeile stehenden für Elektronenbeschleuniger und die restlichen für Ionenbeschleuniger relevant. Für die Berechnung der Luftaktivierung ist die Annahme einer punktförmigen Sekundärstrahlungsquelle im Mittelpunkt eines kugelförmigen Raumvolumens im allgemeinen zulässig. Wenn außerdem angenommen wird, daß sich die aktivierte Luft laufend mischt, so daß die Winkelabhängigkeit der aus der Strahlungsquelle emittierten Sekundärstrahlung nicht berücksichtigt werden muß, so ergibt sich die Aktivitätskonzentration aus folgender Gleichung:

$$\overline{A} = L \cdot h \cdot \frac{\rho}{M} \cdot \frac{r_o}{V_o} \cdot (1-e^{-\lambda t_B}) \cdot e^{-\lambda t_K} \cdot \int_0^{E_o} \sigma(E) \cdot \frac{d\beta(E)}{dE} \cdot dE$$

$$(5.7)$$

$\overline{A}$: Aktivitätskonzentration (in $Bq \cdot cm^{-3}$), r_o: Radius einer Kugel, deren Volumen V_o beträgt (in cm), ($r_o = (3V_o/4\pi)^{1/3}$); $d\beta(E)/dE$: Anzahl der Sekundärteilchen bzw. -photonen mit Energien zwischen E und E+dE pro Energieintervall dE (in Anzahl $\cdot$ MeV^{-1}).

Die Sättigungskonzentration ergibt sich analog zu Gl. (5.2), indem in Gl. (5.7) die zeitabhängigen Glieder $(1-e^{-\gamma t_B})$ und $e^{-\gamma t_K}$ gleich 1 gesetzt werden.

Häufig ist es an Beschleunigern notwendig, den Beschleunigerraum und andere Räume, in denen durch Sekundärstrahlung Aktivität in der Luft erzeugt wird, zu entlüften. Durch diese Entlüftung steigt die Aktivitätskonzentration während der Bestrahlung langsamer an und fällt nach Bestrahlungsende schneller ab; außerdem sind die Werte der Sättigungskonzentration geringer. Die folgende Gleichung beschreibt den zeitlichen Verlauf der Aktivitätskonzentration bei Raumentlüftung:

$$\overline{A} = \frac{\lambda}{\lambda + \frac{x_B}{V_o}} \cdot L \cdot h \cdot \frac{\rho}{M} \cdot \frac{r_o}{V_o} \cdot (1-e^{-(\lambda+\frac{x_B}{V_o})t_B}) \cdot e^{-(\lambda+\frac{x_K}{V_o}) t_K} \cdot \int_0^{E_o} \sigma(E) \cdot \frac{d\beta(E)}{dE} \cdot dE$$

$$(5.8)$$

x_B, x_K: Abluftleistung während bzw. nach der Bestrahlung (in $cm^3 \cdot s^{-1}$).

Die Sättigungsaktivität ergibt sich wieder analog zu Gl. (5.2), wenn die zeitabhängigen Glieder gleich 1 gesetzt werden.

Der zeitliche Verlauf der durch thermische Neutronenaktivierung erzeugten Aktivitätskonzentration bei Raumentlüftung wird durch folgende Gleichung beschrieben:

$$\bar{A} = \frac{\lambda}{\lambda + \dfrac{x_B}{V_o}} \cdot L \cdot h \cdot \frac{\rho}{M} \cdot \phi_{th} \cdot \sigma_{th} \cdot \left(1-e^{-(\lambda+\frac{x_B}{V_o})t_B}\right) \cdot e^{-(\lambda+\frac{x_K}{V_o})t_K}$$

$$(5.9)$$

In Kap. 7 ist für einige typische Situationen die Luftaktivierung berechnet.
Die Aktivierung der durch Undichtigkeiten ins Vakuumsystem eindringenden Luft,
die mit Pumpen in den Beschleunigerraum oder direkt in den Abluftkamin ge-
fördert wird, hängt natürlich von vielen Faktoren ab (wie z.B. Pumpleistung
der Vakuumpumpe, Höhe des Unterdrucks im Beschleuniger, Dichtheit der Anlage,
Strahlweg, Strahlstrom u.a.); sie ist aber (wohl) in jedem Fall zu vernachlässigen.

Luftaktivierung muß an einem Beschleuniger, wie wohl auch an andersartigen
Anlagen, unter zwei Gesichtspunkten gesehen werden:

1) Innerhalb eines geschlossenen Raumes wird während der Bestrahlung eine
   Aktivitätskonzentration in der Luft aufgebaut. Patienten, die sich zum
Beispiel in einem solchen Raum befinden, erhalten durch Submersionsbestrah-
lung eine Strahlenexposition, wobei die Haut bzw. der Ganzkörper das kritische Organ ist. Ähnliches gilt für Personen, die sich unmittelbar nach Bestrahlungsende,wenn die Aktivität noch nicht abgeklungen ist, im Beschleunigerraum aufhalten oder dort arbeiten.

2) Bei der Raumentlüftung wird die erzeugte Aktivität mit der Luft aus dem
   Gebäude (im allgemeinen über einen Abluftkamin) emittiert. Abhängig von
den Wind- und Witterungsbedingungen wird die Aktivität verteilt. In diesem
Fall können Personen außerhalb von Strahlenschutzbereichen durch Submersi-
onsbestrahlung eine Strahlenexposition erfahren.

Zwischen den beiden genannten Gesichtspunkten gibt es einen strahlenschutz-
mäßigen Zusammenhang. So wird gemäß Gl. (5.8) bzw. (5.9) bei starker Abluftleistung die Aktivitätskonzentration reduziert. Andererseits wird dadurch
aber die Aktivitätsabgabe insbesondere der kurzlebigen Radionuklide in die
Atmosphäre stark erhöht. In Tab. 5.2 sind für eine Sättigungskonzentration
ohne Entlüftung von $0,1$ Bq/cm^3 ($\simeq 3 \cdot 10^{-6}$ μCi/cm^3) die Sättigungskonzentrationen bei verschiedenen Abluftleistungen für ein Raumvolumen von 1000 m^3
eingetragen; außerdem ist die stündliche Aktivitätsabgabe bei Sättigung angegeben.

Die Werte in Tab. 5.2 zeigen, daß sich auch bei starker Erhöhung der Abluftleistung die Sättigungskonzentration für die meisten Radionuklide nur wenig
ändert; dagegen erhöht sich die emittierte Aktivität sehr stark. Die Konse-

quenz daraus ist, während der Bestrahlung die betreffenden Räume möglichst
nur mit geringer Abluftleistung zu entlüften.

	Abluft- leistung	^{13}N	^{16}N	^{41}Ar	^{15}O
Sättigungs-	ohne Abluft	$1{,}00 \cdot 10^{-1}$	$1{,}00 \cdot 10^{-1}$	$1{,}00 \cdot 10^{-1}$	$1{,}00 \cdot 10^{-1}$
konzentrat.	100 m^3/h	$9{,}77 \cdot 10^{-2}$	$1{,}00 \cdot 10^{-1}$	$7{,}91 \cdot 10^{-2}$	$9{,}95 \cdot 10^{-2}$
(Bq/cm^3)	1000 m^3/h	$8{,}07 \cdot 10^{-2}$	$9{,}97 \cdot 10^{-2}$	$2{,}75 \cdot 10^{-2}$	$9{,}54 \cdot 10^{-2}$
	10000 m^3/h	$2{,}95 \cdot 10^{-2}$	$9{,}72 \cdot 10^{-2}$	$3{,}65 \cdot 10^{-3}$	$6{,}72 \cdot 10^{-2}$
stündliche	ohne Abluft	0	0	0	0
Aktivitäts-	100 m^3/h	$9{,}78 \cdot 10^{6}$	$1{,}00 \cdot 10^{7}$	$7{,}91 \cdot 10^{6}$	$9{,}95 \cdot 10^{6}$
abgabe bei	1000 m^3/h	$8{,}07 \cdot 10^{7}$	$9{,}97 \cdot 10^{7}$	$2{,}75 \cdot 10^{7}$	$9{,}54 \cdot 10^{7}$
Sättigung	10000 m^3/h	$2{,}95 \cdot 10^{8}$	$9{,}72 \cdot 10^{8}$	$3{,}65 \cdot 10^{7}$	$6{,}72 \cdot 10^{8}$
(Bq/h)					

Tab. 5.2: Sättigungskonzentrationen und stündliche Aktivitätsabgaben bei
Sättigung für ^{13}N, ^{16}N, ^{41}Ar und ^{15}O bei verschiedenen Abluftleistungen (Raumvolumen: 1000 m^3)

Obwohl an Beschleunigern, wie die Beispiele in Kap. 7 zeigen, Aktivitätskonzentrationen in Luft auftreten können, die die abgeleiteten Grenzwerte der
Anlage IV Tabelle IV 4 der StrlSchV weit überschreiten, sind Luftaktivierungen, sofern durch Unterdruckhaltung im Bestrahlungs- bzw. Beschleunigerraum
ein Luftaustritt in die umgebenden Räume verhindert wird, vom Standpunkt des
Strahlenschutzes ohne Bedeutung. Denn, soweit es um Bestrahlungspatienten
an medizinischen Beschleunigern geht, ist ihre Aufenthaltszeit im Bestrahlungsraum kurz und die Submersionsdosis aus der Luft gegenüber der Bestrah-
lungsdosis völlig vernachlässigbar.
Die unter dem 2. Gesichtspunkt genannte, durch die radioaktiven Emissionen
bedingte Strahlenexposition der Bevölkerung ist nach § 45 StrlSchV zu ermitteln, wenn die o.g. abgeleiteten Grenzwerte überschritten werden. Dabei bestimmt der für Reaktorsicherheit und Strahlenschutz zuständige Bundesminister
die zu treffenden Annahmen und anzuwendenden Verfahren. In diesem Zusammenhang sind u.a. Höhe des Abluftkamins, Windgeschwindigkeit, Verteilung der
Windrichtungen und Wetterlage wichtige Größen. Die Berechnungen für die Emissionen an einem Beschleuniger ergeben, daß die resultierende Strahlenexposition im allgemeinen zu vernachlässigen ist. So beträgt z.B. für das Isochronzyklotron der KFA Jülich die jährliche Belastung an der ungünstigsten

Einwirkungsquelle 15 /uSv, wobei sogar noch sehr pessimistische Annahmen über
die Emissionen zugrunde gelegt sind. Bedeutung können Luftaktivierungen allerdings an Hochenergiebeschleunigern mit großen Leistungen und an Beschleunigern, die von Hochhäusern umgeben sind, haben.

5.6   Wasseraktivierung

Zur Kühlung wird an Beschleunigern im allgemeinen Wasser verwendet. Da an den
Stellen, die vom Primärstrahl getroffen werden, die höchsten thermischen Be-
lastungen auftreten, ist es nötig, das Kühlwasser sehr nahe an solche Stellen
zu führen, so daß es also von sehr intensiver Sekundärstrahlung getroffen
wird. Teilweise läßt man auch bewußt einen Teil des Primärstrahls ins Kühlwasser eintreten oder man bestrahlt Material im Kühlwasser. Da das Kühlwasser aus physikalischen Gründen (z.B. geringe Leitfähigkeit) im allgemeinen
sehr rein sein muß, sind bei Bestrahlungen durch sekundäre Neutronen vor allem folgende Reaktionen zu beachten:

$$^{16}O(\gamma,n)^{15}O$$
$$^{16}O(n,p)^{16}N$$
$$^{16}O(n,2n)^{15}O$$
$$^{16}O(n,3n)^{14}O$$

In ungünstigen Situationen (Deuteronenbestrahlung, hohe Strahlströme) können
im Kühlwasser am Bestrahlungsort zwar Konzentrationen von einigen 10^5 Bq/cm^3
($\simeq$ 10 /uCi/cm^3) erzeugt werden, da jedoch solche Kühlwässer in geschlossenen
Kreisläufen mit relativ großem Vorratsvolumen geführt werden und außerdem die
erzeugten Radionuklide schon nach kurzer Zeit zerfallen sind, haben solche
Wasseraktivierungen für den Beschleunigerstrahlenschutz keine Relevanz, zumal in den Primärkreisläufen zur Verhinderung von Wasseraustritt häufig ein
etwas niedrigerer Druck herrscht als in den Sekundärkreisläufen, von denen
das Primärwasser gekühlt wird.
Tritt der Primärstrahl ins Kühlwasser, ist die Situation zwar prinzipiell die
gleiche wie bei Neutronenaktivierung, da jedoch wegen der höheren Wirkungsquerschnitte wesentlich mehr Aktivität erzeugt wird und wegen längerer Halbwertszeiten der erzeugten Nuklide diese wesentlich länger existent sind, wobei noch andere, insbesondere chemische Effekte eine Rolle spielen können,
ist dieser Sachverhalt durchaus strahlenschutzrelevant.
Aktivitätskonzentrationen im primären Kühlwasser entstehen auch dadurch, daß
von der Innenwand der bestrahlten Materialien (die ja eine sehr hohe Akti-

vitätskonzentration besitzen) radioaktive Stoffe vom Wasser gelöst und wegge-
schwemmt werden. Diese radioaktiven Stoffe werden aber in den Ionentauschern,
durch die das Primärwasser laufend gereinigt wird, festgehalten, so daß sie
für die Aktivitätskonzentration des Primärwassers ohne Bedeutung sind. Allerdings ist zu beachten, daß sich diese Nuklide im Ionentauscher ansammeln und
bei der Regenerierung wieder freigesetzt werden. Die ausgewaschenen Konzentrationen sind jedoch gering.

Gelegentlich wird Abwasser (z.B. als sekundäres Kühlwasser) durch Räume geführt, in denen es Sekundär- und/oder Tertiär-Strahlung ausgesetzt ist. Wenn
die Abwasserleitung nicht gerade in der Nähe der Strahlungsquelle verlegt ist,
sind die Aktivitätskonzentrationen wegen der kurzen Verweildauer und der kurzen Halbwertszeiten, soweit es sich um die Aktivierungsprodukte des Sauer-
stoffs handelt, im allgemeinen gering und für den Strahlenschutz ohne Bedeutung. Die Aktivierung der anderen im Wasser enthaltenen Stoffe,wie vor allem
Chloride, Sulfate, Ca- und Mg-Ionen, die Radionuklide mit etwas längeren Halbwertszeiten bilden können, sind wegen ihrer geringen Konzentration in Wasser
und wegen der kurzen Verweildauer für den Strahlenschutz auch nicht bedeutsam.

<u>6.   Strahlenschutzeinrichtungen</u>   K. Schienbein, K. Ewen,

                                                  I. Lauber-Altmann

<u>6.1   Nichtmedizinische Beschleuniger</u>

<u>6.1.1   Einführung</u>

Das Anwendungsgebiet eines Beschleunigers bestimmt bei der Planung einer Anlage entscheidend die Wahl des Beschleunigertyps und der erforderlichen Endenergien bzw. Strahlleistungen,die ihrerseits wiederum stark den baulichen
Strahlenschutz beeinflussen (vgl. Kap. 4). Die dadurch bedingten umfangreichen und kostenintensiven Maßnahmen zum Schutz der Beschäftigten, der Umwelt
und bei medizinischen Beschleunigern zusätzlich des Patienten sollten daher
in der Planungsphase Berücksichtigung finden.

Das System der Strahlenschutzeinrichtungen wird wesentlich durch die Zusammensetzung des zu schützenden Personenkreises und die Konzeption und Organisation der Strahlenschutzbereiche festgelegt, es unterscheidet sich in seiner
Struktur bei medizinischen und nichtmedizinischen Beschleunigern weniger durch
den Beschleunigertyp, die Art der beschleunigten Teilchen und deren Endenergie als vielmehr durch die Anwendungsweise des Beschleunigers.

Medizinische Beschleuniger werden bis auf wenige Ausnahmen innerhalb eines

einzelnen Raumes oder einer abgeschlossenen Raumgruppe betrieben. Die daraus
resultierende Übersichtlichkeit reduziert die Anforderungen an das Personensicherheitssystem. Relativ kurze Bestrahlungszeiten, einfache Strahlführun-
gen und die atomare Zusammensetzung der strahlungsexponierten Anlagenteile,
Raumluft und Gewebe lassen strahlungsinduzierte Aktivierungen meist vernachlässigbar erscheinen (vgl. Abschn. 6.2). Von besonderer Bedeutung sind bei
medizinischen Beschleunigern allerdings die Maßnahmen zum Schutz des Patienten, und zwar sowohl im Hinblick auf die Betriebssicherheit als auch auf das
Bedienungssystem und die sogenannten peripheren Einrichtungen (vgl. Abschn.
6.2).

Im Bereich nichtmedizinischer Beschleuniger sind hinsichtlich der Strahlenschutzeinrichtungen zwei Anwendungsgebiete hervorzuheben:

- Bestrahlungs- und Durchstrahlungsaufgaben,

- wissenschaftliche Forschungsaufgaben.

Bei Be- und Durchstrahlungsanlagen wird das der Strahlung zu exponierende Material entweder am Strahlenaustrittsfenster vorbeigeführt oder die gesamte
Anlage wird - z.B. für Werkstoffprüfungen - im Raum unter Änderung der Nutzstrahlrichtung bewegt. Derartige Strahlenanwendungen bleiben im allgemeinen
auf einen einzelnen, entsprechend abgeschirmten Raum bzw. eine Raumgruppe
beschränkt, die dadurch bedingte Übersichtlichkeit gestaltet die Überwachung
und Sicherung relativ einfach.

Bei wissenschaftlich genutzten Beschleunigern werden dagegen zur optimalen
Ausnutzung der Strahlzeit mehrere Experimentierplätze ("Targetstationen") betrieben, zu denen jeweils über einen Schaltmagneten ein Strahlrohr geführt
werden kann (vgl. Fig. 2.9, 7.4). Daher wird häufig an der Vorbereitung von
Experimenten weitergearbeitet, obwohl bestimmte Targetstationen mit Strahlung versorgt werden.

Selbstverständlich sind zu diesem Zweck und zum Schutz aller beteiligten Personen vor übermäßiger Strahlenexposition sicherheitstechnische Maßnahmen erforderlich, am besten eine räumliche Abtrennung der einzelnen Experimentierplätze durch baulichen Strahlenschutz und sinnvolle Verriegelungen. Diese
Aufgabe erfordert ein umfangreiches und anlagenspezifisches Personensicherheitssystem, das für einen ganz bestimmten Beschleunigerbetrieb typisch sein
muß und nicht ohne weiteres auf andere Betriebe übertragbar ist.

Hier können nur die verschiedenen Sicherheitseinrichtungen im einzelnen besprochen werden. Das Zusammenwirken aller Einzelelemente hängt vom Gesamt-
system und der Betriebsweise ab. Einige Beispiele sind in Kap. 7 dargestellt.

6.1.2 Kennzeichnung

Beim Betrieb von Anlagen zur Erzeugung ionisierender Strahlen und beim Umgang
mit radioaktiven Stoffen gilt es grundsätzlich, die Strahlenbelastung von
Personen unter Beachtung aller Randbedingungen so gering wie möglich zu halten (§ 28 Abs. 1 Nr. 2 StrlSchV). Dazu gehört auch die Sicherstellung, daß
nicht ohne weiteres solche Areale betreten werden dürfen, wo Ortsdosisleistungen oder - bei Beachtung von Aufenthaltszeiten - Ortsdosen bestimmte Werte
überschreiten können. So sind Bereiche, in denen die Ortsdosisleistung höher
als 3 mSv/h sein kann,   nach § 57 StrlSchV als Sperrbereiche abzugrenzen
und zu kennzeichnen (s. auch § 35 StrlSchV). Zur Minimalisierung der Strahlenexposition von Personen können auch weitere Bereiche, z.B. Teile des "normalen" Kontrollbereiches, als Sperrbereiche behandelt werden. Die Kennzeichnung sowohl des Sperr- als auch des Kontrollbereiches (der Sperrbereich ist
definitionsgemäß ein besonderer Teil des Kontrollbereiches) müssen sich an
DIN 25430 /6.1/ orientieren. Fest installierte Beschilderungen sind formal
zwar ausreichend, jedoch haben sich Leuchttableaus besser bewährt, da sie den
verschiedenen Betriebszuständen eines Beschleunigers durch farblich gekenn-
zeichnete Transparentanzeigen Rechnung tragen können. Natürlich soll die Be-
triebszustandsanzeige automatisch erfolgen, also mit der Bedienungseinrichtung verriegelt sein, denn beispielsweise kann eine permanente Anzeige eines
nur formal vorhandenen Sperrbereiches lange nach Abschalten des Beschleunigers nicht Sinn einer von Personal (und Patienten) ernst zu nehmenden War-
nung sein. Bei wissenschaftlichen Beschleunigern mit mehreren Targetstationen bietet es sich an, die Leuchttableaus mit den anderen sicherheitstechnischen Elementen wie Strahlführungssystem (z.B. Schaltmagnet), Türkontakt
oder Strahlstopp (z.B. Faradaycup) zu verriegeln. Die Dimensionierung eines
Leuchttableaus sollte mindestens zwei Felder bzw. Farben umfassen, und zwar
separat für die Vorbereitung und den Strahlbetrieb.

6.1.3 Zugangsverriegelungen

Warnschilder oder Leuchttableaus können durchaus übersehen oder sogar bewußt
mißachtet werden, so daß Zwangsverriegelungen unerläßlich sind. In den meisten Fällen genügt die Anbringung sog. selbstsichernder Türkontakte (VDE 0113
/6.2/, /6.3/), die im Störungsfall den betriebssicheren Zustand "geöffnet"
garantieren. Federbelastete Türkontakte können das nicht und sind daher nicht
mehr zulässig. Beim Öffnen der Tür sollte der dann betretbare Raum strahlungs-

frei sein, je nach Anlage und gewählter Betriebsart ist dies wegen möglicher
Aktivierungen z.B. von Luft und Beschleunigerbauteilen nicht ohne weiteres
gewährleistet.
Auf jeden Fall muß die Betätigung des Türkontaktes bei Beschleunigern den
Teilchenstrahl unterbrechen. Je nach Beschleunigertyp kann dies über die
Hochspannungsversorgung (Bandmotor beim Van-de-Graaff-Typ), den Hochfrequenz-
generator (Elektronenbeschleuniger), das Abschalten der Ionen- bzw. Elektronenquelle oder durch das Einfahren eines Strahlstopps in den Strahlengang erfolgen. Das alleinige Schließen der Tür darf diese Abschaltfunktion nicht wieder rückgängig machen, erst ein bewußter Neustart der Anlage von der Bedienungseinrichtung aus ermöglicht die erneute Freigabe von Strahlung.
Unabhängig von der Art der Zwangsverriegelung - neben Türkontakten wären noch
andere Techniken wie mechanische bzw. elektrische Verriegelungen oder Lichtschranken denkbar - muß die Tür von innen heraus immer leicht zu öffnen, jedoch nicht zu schließen sein.
Nicht unproblematisch ist die Situation, daß nach Betätigung des Türkontaktes der Teilchenstrahl zwar unterbrochen, durch Aktivierung verschiedener
Komponenten (vgl. Kap. 5) jedoch trotzdem eine Strahlengefährdung bei Betreten des betreffenden Raumes nicht ausgeschlossen werden kann. Sinnvolle technische Lösungen sind Zeitschaltuhren, die eine einstellbare Wartezeit bis zur
Türöffnung erzwingen, oder auch fest installierte Ortsdosisleistungsmeßgeräte
(sog. ODL-Systeme, vgl. Abschn. 3.3.1), die eine Türverriegelung erst dann
aufheben, wenn ein ebenfalls einstellbarer kritischer Schwellenwert unter
schritten wird. Strahlenschutztüren und -tore sind aus Abschirmungsgründen
oft so massiv (vgl. Kap. 4), daß eine Bewegung per Hand unmöglich und ein mo-
torischer Antrieb erforderlich ist. Gegen die dann mögliche Quetschgefahr
schützt man sich durch sog. Totmannschalter und Kontaktleisten an den Türkanten. Letztere bringen schon bei leichtem Gegendruck das Tor über eine
Rutschkupplung zum Stillstand, wobei der Bremsweg ("Nachlauf") ausreichend
klein bleiben muß. Zusätzliche Absicherungen gegen Quetschgefahren bieten
Lichtschranken oder Trittleisten, die bei kritischer Positionierung einer
gefährdeten Person die Türbewegung stoppen.
Sollten,bedingt durch besondere bautechnische Maßnahmen oder maschinenspezi-
fische Eigenschaften, Strahlenschutztüren nicht erforderlich, die Entstehung
von Aktivitäten und Ozon nicht möglich, trotzdem aber wegen z.B. elektrischer Gefahren ein Betreten des Beschleunigerraumes unerwünscht sein, so würden neben "normalen", mit Türkontakten versehenen Türen, Lichtschranken,

Trittleisten und verriegelbare Gitter ausreichen.

6.1.4   Anzeigen

Trotz Kennzeichnungen und Zwangsverriegelungen kann das unbeabsichtigte Verbleiben von Personen im Beschleunigerraum während des Strahlbetriebs nicht ganz ausgeschlossen werden. Falls dieser sicherlich seltene Fall tatsächlich eintreten sollte, muß die betroffene Person angesichts der für Beschleuniger oft typischen, extrem hohen Ortsdosisleistungen in jeder Raumposition gewarnt und als Folge davon zu Notmaßnahmen veranlaßt werden können (z.B. unmittelbares Verlassen des Raumes oder Betätigung eines Notaus-Schalters).
Bei nichtmedizinischen Beschleunigern läuft parallel zum Einschaltvorgang ein Warnzyklus z.B. der folgenden Art ab:
- Ertönen von Sirenen oder Hupen mit einer solchen Lautstärke, daß sie auch bei laufenden Aggregaten hörbar sind, in der Regel mit einer Zeitdauer von 10 s.
- Aufleuchten von Warnlampen (Blinklampen, Rundumleuchten, Ampeln), beispielsweise gelb bei Einschaltbereitschaft - also sinnvollerweise während der Dauer des akustischen Signals - und rot bei Strahlbetrieb. Zusätzlich könnte die Farbe grün außerhalb des Warnzyklus den freien Zugang signalisieren.
- Unter Umständen (z.B. bei unübersichtlichen Verhältnissen) Zwang zum Absuchen der Räume vor Beginn des Strahlbetriebs durch Betätigung einer Reihe von Schlagtastern, die, mit Türkontakten hintereinandergeschaltet, nach und nach den Personensicherheitskreis nach einer logischen Reihenfolge schließen. Dieses Absuchen muß in einer bestimmten,möglichst knapp bemessenen Zeit erfolgen. Bei Überschreiten dieser Zeitspanne ist man gezwungen, den gesamten Kontrollvorgang zu wiederholen.
Bei medizinischen Beschleunigern ist dieser Aufwand aus bestrahlungstechnischen und organisatorischen Gründen nicht erforderlich bzw. aus psychologischen Gründen auch nicht sinnvoll. Hier reichen Zweifarben-Warnlampen aus, z.B. grün: Einschaltbereitschaft, rot: Strahlbetrieb.

6.1.5   Notaus-Schalter

Die Notwendigkeit von Notaus-Schaltern wurde schon in Abschn. 6.1.4 angedeutet. Ihre Zahl und Lage orientiert sich vornehmlich an der Raumgröße und an ihrer Erreichbarkeit innerhalb von möglichst kurzer Zeit. Nach VDE 0113 muß die Betätigung eines Notaus-Schalters die Anlage in einen sicheren Zustand

- 103 -

versetzen. Das ist nicht gleichbedeutend mit einem Abschalten der elektrischen
Versorgung, die beim Beschleunigerbetrieb für Magnete und Pumpen aufrechterhalten werden darf und muß. Über den Notaus-Schalter ist vielmehr der Teilchenstrahl zu unterbrechen; dies kann, wie schon beim Türkontakt beschrieben,
durch Bandmotor-, Hochfrequenzgenerator- oder Quellenabschaltung geschehen.
Hauptschalter dagegen müssen auch die elektrische Versorgung abschalten. Ein
Notaus-Schalter darf nur zwangsläufig zu öffnen und muß selbsthaltend sein;
d.h. ein Anfahren der Anlage wird erst dann wieder möglich, wenn der betätig-
te Notaus-Schalter z.B. durch Schlüsselgebrauch entriegelt worden ist. Dadurch wird das Bedienungspersonal gezwungen, sich an Ort und Stelle darüber
zu informieren, warum der Notaus-Schalter betätigt wurde. Notaus-Schalter,
meist in der Pilzdruckknopfversion ausgeführt, benötigen nach VDE 0113 folgende Farbgebung: roter Knopf mit gelber Unterlage.

6.1.6   Strahlrohrverschlüsse

An wissenschaftlichen Beschleunigern müssen solche Experimentierplätze, die
trotz des Strahlbetriebs nicht die Bedingungen eines Kontroll- oder Sperrbereiches erfüllen und damit auch für den Aufenthalt von nicht beruflich strah-
lenexponierten Personen freigegeben werden sollen,gegen eine unbeabsichtigte
Einfädelung des Teilchenstroms in das zugehörige Strahlrohr geschützt sein.
Zu diesem Zweck bietet sich ein Strahlrohrverschluß ("Strahlstopp") z.B. in
Form eines Faradaybechers an. Ein Herausfahren des Strahlstopps aus der Strahlführung sollte nur dann möglich sein, wenn der Personensicherheitskreis dieses speziellen Targetraumes geschlossen ist. Jede Unterbrechung dieses Sicherheitskreises muß das Einfahren des Strahlstopps bewirken. Es versteht sich
von selbst, daß die Abschirmwirkung des Strahlverschlusses mit derjenigen
der Raumwand identisch zu sein hat. Strahlstopps übernehmen häufig die Aufgabe eines Faradaybechers zur Messung des Strahlstroms. Das "Durchfädeln"
des Teilchenstroms durch die gesamte Beschleunigeranlage hat oft zur Folge,
daß man zur Optimierung auf jeweils einen Faradaybecher eine relativ lange
Bestrahlungszeit benötigt. Dadurch besteht die Gefahr von Aktivierungen bis
in den Sättigungsbereich hinein, so daß derartige Einrichtungen oft Quellen
erhöhter Ortsdosisleistungen sein können. Strahlrohrverschlüsse benötigen
einen Endabschalter,der ein völliges Verschließen des Strahlstroms zu garantieren und diesen Zustand an der Bedienungseinrichtung anzuzeigen vermag. Es
ist sinnvoll, Strahlrohrverschlüsse für nur einen Teilchenpfad öffnen zu können, während die Verschlüsse aller anderen möglichen Wege zwangsweise ge-

schlossen bleiben.

6.1.7   Meßgeräte, Monitore

§ 72 Abs. 1 StrlSchV zählt die Einsatzmöglichkeiten von Strahlungsmeßgeräten
auf: Messung der Personendosen, Ortsdosen, Ortsdosisleistungen, Kontaminationen und der Aktivität in Luft und Wasser. Neben dem Hinweis auf die Notwendigkeit der Eichung (vgl. Abschn. 3.3.1) wird auf den Stand von Wissenschaft
und Technik verwiesen. Die Meßgeräte müssen (trivialerweise) den Anforderungen des Meßzwecks genügen, in ausreichender Zahl vorhanden sein und regelmäßig auf ihre Funktionsfähigkeit geprüft und gewartet werden. Die Prüfung
der Funktionsfähigkeit beinhaltet sicherlich auch eine Feststellung der An-
zeigegenauigkeit, die in der Regel mit einem Prüfstrahler bestimmt werden
kann. Falls dieser nicht im Sinne der Anlage II Nr. 3 der StrlSchV bauartzu-
gelassen ist oder seine Aktivität nicht unterhalb des Zehnfachen der Frei-
grenze der Anlage IV Tab. IV 1 Sp. 4 der StrlSchV liegt, besteht für den Umgang mit dem Prüfstrahler Genehmigungspflicht nach § 3 StrlSchV. Schwierig
wird diese Prüfung mangels geeigneter und leicht handhabbarer Aktivitäten
bei Meßgeräten zur Bestimmung von Luft- und Wasseraktivitäten.
In § 73 StrlSchV werden Strahlungsmonitore angesprochen, die vor Überschreitung gewisser Schwellenwerte warnen sollen. Ihr Versagen muß durch ein deutlich wahrnehmbares Signal angezeigt werden, falls keine redundante Anordnung
angestrebt wird.
Insgesamt ist festzustellen, daß die Bestimmung der §§ 72, 73 StrlSchV weniger die medizinischen Beschleuniger als hauptsächlich Anlagen zur Materialbestrahlung und zur wissenschaftlichen Forschung ansprechen. Der medizinische
Bereich kann allerdings beim Betrieb eines Neutronengenerators oder Zyklotrons ebenfalls in dieser Hinsicht betroffen werden. In der Regel wird man
festinstallierte Meßgeräte, sog. ODL-Systeme (vgl. Abschn. 3.3.1), an besonders kritischen Punkten mit hoher Ortsdosisleistung im Beschleunigerraum,
aber auch außerhalb, z.B. in der Nähe der Zugänge, installieren. Kritische
Zonen entstehen oft in der Nähe von Strahlrohrverengungen (z.B. Quadrupol-
linsen), Strahlumlenkeinrichtungen (z.B. Schaltmagneten) und Strahlrohrver-
schlüssen, wo γ-strahlungs- und neutroneninduzierte Kernreaktionen sowie
Bremsstrahlungserzeugung wahrscheinlich sind.
Die Meßgeräte erlauben die Einstellung von einer oder mehreren Dosis-, Dosis-
leistungs- oder Flußdichte-Schwellen, deren Überschreitung an der Bedienungseinrichtung optische und akustische Signale auslösen sollte. Im übrigen sind

die Meßwerte an der Bedienungseinrichtung jederzeit ablesbar. Eine Strahlen-
schutzanweisung (§ 34 StrlSchV) muß dem Operateur Entscheidungshilfen bei
Schwellenwertüberschreitungen liefern (z.B. Abschalten, Verriegeln, Strahl-
stromreduzierung, Änderung des Strahlprofils). In Abschn. 6.1.3 wurde schon
ausgeführt, daß ODL-Systeme unter Umständen auch eine zeitweise Türverriegelung herbeiführen können, und zwar dann, wenn aufgrund von Luft- oder Anlagen-
aktivierungen ein Betreten des betreffenden Raumes nicht erlaubt ist. Ein
spezielles Problem stellt die kontinuierliche Tritiumüberwachung beim Betrieb
von Neutronengeneratoren dar /6.4/.

Trotz vorhandener ODL-Systeme ist man hin und wieder gezwungen, nach Abschalten des Teilchenstrahls zum Aufsuchen spezieller Areale mit Hilfe tragbarer
Photonenmeßgeräte Ortsdosisleistungsmessungen vorzunehmen und gegebenenfalls
diese Bereiche zu kennzeichnen oder sogar abzusperren. Diesbezügliche Hilfsmittel müssen ausreichend zur Verfügung stehen.

Beim Betrieb bestimmter Beschleunigertypen ist ein Umgang mit offenen radioaktiven Stoffen (z.B. bei Manipulationen am Target) nicht auszuschließen. Im
Sinne des § 64 StrlSchV sind entsprechende Einrichtungen zum Schutz vor Kontaminationen, für Maßnahmen zur Dekontamination sowie spezielle Meßgeräte erforderlich.

Was die Ermittlung der Körperdosen nach § 63 StrlSchV betrifft, so muß auf
den Inhalt der Richtlinien zu §§ 62, 63 StrlSchV /3.10/, /3.11/ verwiesen
werden. Grundsätzlich wird man jedoch Filmdosimeter - unter Umständen auch
geeignet zum Nachweis von Neutronen und jederzeit ablesbare Dosimeter (z.
B. sog. Stabdosimeter) tragen (vgl. Abschn. 3.3.1). Jedoch empfehlen sich bei
unübersichtlichen Situationen - so im Hinblick auf induzierte Aktivierungen
und ihr zuzuordnende Ortsdosisleistungen - zusätzlich tragbare Warnmeßgeräte
mit einstellbaren Schwellen, z.B. auf Geiger-Müller-Zählrohr-Basis. Durchaus
beachtenswert sind die Vorzüge von Thermolumineszenzdosimetern (TLD) sowohl
auf dem Gebiet des Photonen- als auch des Neutronennachweises /6.5/ bis /6.7/.
Die Albedo-Dosimetrie /6.8/, /6.9/ und die Dosimetrie von β-Strahlung bei
Exposition vor allem der Fingerspitzen /6.10/ stellen zwei spezielle Anwen-
dungsbereiche der TLD dar.

In Abschn. 3.3.1 wurde schon erwähnt, daß eine Kalibrierung oder Eichung von
Meßgeräten und Monitoren mit Strahlenquellen, deren Qualität in etwa als
"beschleunigergerecht" bezeichnet werden kann, äußerst schwierig, wenn nicht
in Spezialfällen sogar unmöglich ist. Als Photonenstrahlenquellen stehen in
der Regel γ-Strahler, z.B. ^{137}Cs (0,668 MeV) oder ^{60}Co (1,17 und 1,33 MeV),

zur Verfügung, so daß auf entsprechende Beschleunigerenergien nur in sehr un-
genauer oder oft riskanter Weise extrapoliert werden muß. Was die Neutronen-
meßgeräte betrifft, so besteht neben ähnlichen Problemen noch die zusätzliche
Schwierigkeit, daß bequem und strahlenschutzmäßig sicher zu handhabende Neu-
tronenquellen praktisch nicht zur Verfügung stehen. Auch die Kalibrierung von
tragbaren oder fest installierten Kontaminationsmonitoren macht mangels geeigneter Prüfstrahler Schwierigkeiten.

<u>6.1.8   Überwachung der Raum- und Abluft</u>

In Abschn. 5.5 wurde schon auf die wichtigsten Mechanismen neutronen- und
photoneninduzierter Luftaktivitäten eingegangen. Außerdem besteht beim Betrieb von Neutronengeneratoren die Möglichkeit von Tritiumkontaminationen
/6.4/. Der radioaktive Zerfall allein reicht bei leistungsstarken Beschleunigertypen oft nicht aus, die Strahlenexposition des Personals durch Luftaktivitäten nach Betreten der aktivierten Zonen unter einen unbedenklichen
Grenzwert zu bringen. Beschleuniger mit hohen Neutronenflüssen bzw. mit hohen Photonen-Kermaleistungen und Photonenenergien etwa oberhalb 10 MeV können nur in mit sog. raumlufttechnischen Anlagen ("RLT-Anlagen") ausgestatte-
ten Räumen betrieben werden. Die Luftwechselzahlen werden sehr unterschied-
lich eingestellt, und zwar je nachdem, ob der Schwerpunkt der Aktivitäts-
entsorgung auf dem physikalischen Zerfall (eventuell mit Zwang zur Einhaltung gewisser Wartezeiten (ca. 5 min) vor Betreten des Raumes, vgl. Abschn.
5.4 und 6.1.3) oder auf der Entlüftung liegen soll.
Beispielsweise bestreitet beim Zyklotronbetrieb mit Neutronenenergien deutlich
oberhalb von 10 MeV das sehr kurzlebige Nuklid ^{16}N (Halbwertszeit: 7,35 s)
den Hauptanteil der Luftaktivität, dieses läßt man lieber im vielleicht sogar unter leichtem Unterdruck stehenden Beschleunigerraum bei einfachem Luft-
wechsel pro h abklingen, als es mit hoher Luftwechselzahl in die Umgebung zu
entlassen. Ein anderes Beispiel ist der medizinische Elektronenbeschleuniger,
der ^{15}O- und ^{13}N-Isotope erzeugen kann (Halbwertszeiten: 2,03 und 9,96 min).
Hier wird ein 8- bis 10-facher Luftwechsel/h sinnvoll sein. In ähnlicher
Größenordnung wird man die RLT-Anlagen bei Beschleunigertypen dimensionieren, die Neutronen mit Energien nicht oberhalb von 10 MeV erzeugen (Haupt-
luftaktivität: ^{41}Ar, Halbwertszeit: 1,83 h). Bei längeren Strahlzeiten, wie
sie im technisch-wissenschaftlichen Bereich durchaus üblich sind, empfiehlt
sich ein variables Lüftungskonzept etwa folgender Form: Geringe Luftwechsel-

zahl während der Strahlzeit (ca. 1 facher Luftwechsel/h) und Aufrechterhaltung von Raumunterdruck. Nach Abschaltung hohe Luftwechselzahlen (ca. 8 bis 10 facher Luftwechsel/h).

Extreme Verhältnisse fordern in dieser Hinsicht auch Elektronenbeschleuniger für technische Bestrahlungszwecke, die zu hohen Ozonkonzentrationen führen. Will man den höchstzulässigen Wert von 0,1 ppm /6.11/ für Personen, die den Beschleunigerraum nach Abschalten der Strahlung betreten wollen ohne unwirtschaftlich lange Wartezeiten in Kauf nehmen zu müssen, unterschreiten, so sind unter Umständen Luftwechselzahlen von deutlich mehr als 10/h erforderlich. Bei Ausfall der RLT-Anlage darf in diesem Fall der Beschleuniger nicht weiter betrieben werden können. Eine Näherungsrechnung zur Bestimmung der Ozonproduktion p (1 min^{-1}) lautet für niederenergetische Beschleuniger mit externem Elektronenstrahl: $p = 350 \cdot I \cdot L$ mit I = Elektronenstrom (Einheit: A) und L = Weglänge in Luft (Einheit: m) /6.12/. Eine andere Möglichkeit zur Abschätzung der Ozonproduktion bietet bei bekannter Kermaleistung $\dot{D}$ (Gy min^{-1} in 1 m Entfernung) folgende Daumenregel:

$$p = 2 \cdot 10^{-5} \dot{D} \cdot S \cdot L$$

mit S = Feldgröße in m^2 /6.11/. Beispiel: $\dot{D} = 4$ Gy min^{-1} in 1 m Abstand, L = 2 m, S = 0,4 x 0,4 = 0,16 m^2, p = 2,56 $\cdot 10^{-5}$ 1 min^{-1}, das entspricht ohne Ventilation in einem Raumvolumen von 140 m^3 einer Sättigungskonzentration von ungefähr 5 $\cdot 10^{-3}$ ppm bei einem angenommenen Ozonzerfall um jeweils die Hälfte innerhalb von 35 min /6.13/.

Das praktische Konzept einer Lüftungsanlage soll am Beispiel eines Neutronengenerators erläutert werden, der nicht nur neutroneninduzierte Aktivitäten bedingt, sondern auch die Möglichkeit von Tritiumkontaminationen eröffnet. Man kann davon ausgehen, daß nahezu monoenergetische 14 MeV-Neutronen entstehen, so daß zunächst hauptsächlich ^{16}N-, später zunehmend auch ^{41}Ar-Aktivitäten zu erwarten sind. Im übrigen rechnet man im Normalfall mit einer sehr geringen ^{3}H-Aktivität, im schlimmsten Störfall (Röhrenbruch) allerdings mit Aktivitäten im Curie-Bereich (1 Curie $\hat{=}$ 3,7 $\cdot 10^{10}$ Bq). Eine kontinuierliche ^{3}H-Überwachung ist schwierig. Sie kann durch ein Hilfssystem realisiert werden, das in der Nähe der Röhre Luft ansaugt und sie über einen ^{3}H-Monitor wieder in den Abluftkanal abgibt. Über einen Alarmkontakt dieses Detektors läßt sich im Bedarfsfall die RLT-Anlage steuern (z.B. Verdopplung des Abluftvolumenstroms). Sollte die RLT-Anlage ausfallen, schaltet sich der Neutronengenerator selbsttätig ab und ein Rückströmen der aktivierten Raumluft wird durch eine luftdicht schließende Klappe im Zuluftkanal vermieden. Der Abluftkanal muß bis zum Eintritt in den Kamin gasdicht

ausgeführt sein; die Überwachung der Abluft geschieht mit Hilfe von Strömungs-
wächtern. Abluftfilter sind nicht erforderlich, wohl aber sollte der Abluft-
ventilator an ein Notstromaggregat angeschlossen sein. Störmeldungen der RLT-
Anlage, die beim Betrieb von Neutronengeneratoren normalerweise für Luftwechselzahlen von 10/h sorgt, werden am Bedienpult angezeigt (vgl. Abschn. 6.1.9).

Zusammenfassend läßt sich feststellen (vgl. Abschn. 5.5):
Raum- und Abluftaktivitäten können photonen- und neutroneninduziert sein,
darüberhinaus besteht beim Betrieb von Neutronengeneratoren die Möglichkeit
von Tritiumkontaminationen, ferner von Ozonproduktion, wenn Elektronenbeschleuniger bei hohen Dosisleistungen betrieben werden. Das Konzept einer
RLT-Anlage soll die Strahlenexposition durch radioaktive Gase sowohl für das
am Beschleuniger arbeitende Personal als auch für die Umgebung so niedrig wie
möglich halten. Bei langen Strahlzeiten empfiehlt es sich daher, mit geringen Luftwechselzahlen und Unterdruck im Beschleunigerraum zu operieren, und
nach Abschalten der Strahlung die Luftwechselzahl deutlich zu erhöhen. Dabei
sind unter Umständen bis zum Betreten des Raumes Wartezeiten von einigen Minuten - bedingt durch einen mit einer Zeitschaltuhr gekoppelten Türkontakt -
vorausgesetzt. Hohe Luftwechselzahlen während der Bestrahlungsphase sind
dann erforderlich, wenn Ozon- und Tritiumproduktionen möglich und längere
Wartezeiten zwischen aufeinanderfolgenden Bestrahlungen nicht zumutbar sind
(z.B. in der Strahlentherapie).
Allgemeine Hinweise über die Konzeption von RLT-Anlagen in Krankenhäusern
finden sich in /6.14/.

6.1.9   Bedienungseinrichtungen

Die Bedienungseinrichtung (Warte, Schaltpult etc.), von der aus die Bedie-
nung und Überwachung des Beschleunigers erfolgt, muß sich im Sinne des § 59
StrlSchV in einem Nebenraum des Beschleunigerraumes, und zwar außerhalb des
Kontrollbereiches,befinden. An der Bedienungseinrichtung sind Schlüsselschal-
ter erforderlich, wobei die Schlüssel nur einem ausgewählten Personenkreis
zugänglich sein dürfen und Manipulationen durch Unbefugte auf diese Weise
ausgeschlossen werden können.
Die die Anlage bedienende Person (Operateur) muß sich vor Inbetriebnahme davon überzeugen, daß das Personensicherheitssystem für einen bestimmten Teil-
chenstrahlweg funktionsfähig "gesetzt" ist.
Es hat sich als sinnvoll erwiesen, den jeweiligen Zustand dieses Systems auf

einer blockschaltbildähnlichen Anzeige - z.B. durch farbige Leuchtdioden -
sichtbar zu machen (vgl. Fig. 7.7). Um die Möglichkeit einer schnellen Abschaltung zu gewährleisten, gehört an jede Bedienungseinrichtung ein Notaus-
Schalter. Im übrigen wird man noch folgende strahlenschutzrelevante Einrichtungen an einem Schaltpult erwarten:

- Optischer Kontakt zu den Bestrahlungsräumen (z.B. Fernsehmonitore),

- akustischer Kontakt über Wechselsprechanlagen,

- Anzeige über den Betriebszustand der RLT-Anlage,

- Anzeige von Meßwerten und Schwellenwertüberschreitungen der einzelnen
  ODL-Systeme,

- Angaben über Energie, Strahlstrom und Strahlprofil.

Die Konzeption des strahlenschutzseitigen Kontrollsystems an den Bedienungseinrichtungen medizinischer Beschleuniger entspricht dem speziellen Ziel der
Strahlentherapie und unterscheidet sich in vielen Punkten von derjenigen tech-
nisch-naturwissenschaftlicher Beschleuniger (vgl. Abschn. 6.2.3.4).

6.2   Medizinische Beschleuniger   I. Lauber-Altmann

6.2.1   Einführung

Im Bereich der Medizin werden Beschleunigeranlagen zur kurativen und/oder
palliativen Behandlung von malignen und nichtmalignen Tumoren eingesetzt.
Nach § 28 StrlSchV ist die Strahlenexposition von Personen, Sachgütern und
der Umwelt unter Beachtung des Standes von Wissenschaft und Technik und unter Berücksichtigung aller Umstände des Einzelfalles so gering wie möglich
zu halten und jede unnötige Strahlenexposition zu vermeiden. In Abschn. 6.1
sind entsprechende Maßnahmen geschildert, die speziell den Strahlenschutz
der an Beschleunigeranlagen tätigen Personen sicherstellen.
Im Rahmen der medizinischen Nutzung ionisierender Strahlung ist der zu be-
handelnde Patient in den Kreis der vor unnötiger Strahlenexposition zu schützenden Personen einzubeziehen. Durch § 42 Abs. 2 StrlSchV wird § 28 StrlSchV
deshalb dahingehend modifiziert, daß die durch ärztliche Tätigkeit bedingte
Strahlenexposition soweit einzuschränken ist, wie dies mit den Erfordernissen
der medizinischen Wissenschaft vereinbar ist. Dieses Prinzip läßt sich in den
folgenden Forderungen zusammenfassen:

- Die Strahlenwirkung muß auf den zu behandelnden Körperbereich des Patienten konzentriert
  und

- das übrige Gewebe - vor allem strahlensensible Risikoorgane oder vorge-
  schädigte Bereiche - müssen bestmöglich geschont werden.

Um diesen Bedingungen Rechnung zu tragen, sind umfangreiche Maßnahmen vor der
Inbetriebnahme eines Beschleunigungsgerätes, im Rahmen der Bestrahlungsplanung
und bei der resultierenden Durchführung der Bestrahlung des Patienten erforderlich.

6.2.2   Beschleunigertypen

6.2.2.1   Elektronenbeschleuniger

In der medizinischen Praxis finden in erster Linie Elektronenbeschleuniger
(Betatron, Linac, Mikrotron) und in wesentlich geringerem Umfang Neutronen-
quellen Anwendung. Die Begrenzung der von der Strahlenquelle ausgehenden
Strahlung erfolgt durch verstellbare bzw. auswechselbare Blenden oder Tubusse,
mit deren Hilfe Form und Querschnittsfläche des therapeutisch erforderlichen
Nutzstrahlenbündels verändert werden können und die den Patienten vor unbe-
absichtigter Strahlenexposition außerhalb des Nutzstrahlenbündels schützen.
Für Elektronenbeschleuniger sind die zugehörigen Grenzwerte sowohl für die
Durchlaßstrahlung der Blenden innerhalb des maximal möglichen Nutzstrahlenbündelquerschnitts als auch für die Abschirmung außerhalb des Nutzstrahlenbündels in DIN 6847 Teil 1 /3.3/ festgelegt. So darf z.B. bei Photonenstrahlung die Dosis in dem von Blenden bzw. Tubussen abgeschirmten Teil des maximalen Nutzstrahlenbündelquerschnitts höchstens 2 % der Dosis in der Achse
des Nutzstrahlenbündels betragen, wobei beide Größen auf den normalen Be-
strahlungsabstand (d.h. auf den Abstand zwischen Fokus und Rotationsachse)
bezogen sind.

Bei der Anwendung eines medizinischen Beschleunigers ist zu berücksichtigen,
daß die Nutzstrahlung generell durch Fremdstrahlungsanteile kontaminiert ist.
Um eine homogene Dosisverteilung innerhalb des Nutzstrahlenbündels zu erreichen, werden Ausgleichskörper bzw. Filter benötigt, die Sekundärstrahlung erzeugen. So entstehen beim Einsatz von Photonenstrahlung durch Wechselwirkung mit Ausgleichskörpern und Blenden sowohl gestreute Photonen als auch
Sekundärelektronen, die Elektronenstrahlung hingegen enthält als Fremdstrah-
lungsanteil eine Bremsstrahlungskomponente, deren Anteil an der Dosisverteilung vom Hersteller angegeben werden muß. Dies gilt auch für den Dosisanteil
der Neutronenstrahlung im Nutzstrahlenbündel, der auf (γ,n)-Reaktionen bei

der Wechselwirkung zwischen der Bremsstrahlung und Abschirmungskomponenten
zurückzuführen und sowohl energie- als auch gerätespezifisch ist /6.15/.
Die maximalen Bremsstrahlungsenergien eines medizinisch genutzten Beschleunigers liegen zwischen etwa 6 und 20 MeV (Linearbeschleuniger) und etwa 18 und
42 MeV (Betatron). Sie überschreiten damit häufig die Bindungsenergien der
Nukleonen der bestrahlten Materie, so daß außer der Aktivierung von Beschleunigerbauteilen /6.15/, /6.16/ sowohl eine Luftaktivierung als auch eine Aktivierung des bestrahlten Patientengewebes auftritt /6.17/ bis /6.19/.
Für die Luftaktivierung sind folgende photonukleare Reaktionen relevant:

$$^{14}N(\gamma,n)^{13}N. \qquad \text{und} \qquad ^{16}O(\gamma,n)^{15}O$$

mit zugehörigen Schwellenenergien von 10,6 MeV und 15,7 MeV. Im Vergleich zur
genannten Kernreaktion vom Typ (γ,n) sind elektroneninduzierte Aktivierungen
vernachlässigbar, da die zugehörigen Wirkungsquerschnitte um mehrere Größenordnungen kleiner sind /6.20/. Wegen ihrer um einen Faktor 10^{-3} geringeren
Wahrscheinlichkeit sind die $(\gamma,2n)$-Reaktion des ^{16}O und die (γ,n)-Prozesse
anderer Komponenten der Luft aufgrund ihres niedrigen Volumenprozentanteils
ohne Bedeutung.
Für die Gewebeaktivierung kommt als relevantes Isotop ^{12}C hinzu, dessen
Schwellenenergie für die (γ,n)-Reaktion bei 18,7 MeV liegt. ^{11}C, ^{13}N und
^{15}O sind β^+-Strahler, die zugehörigen Halbwertszeiten betragen 20,3, 9,96
und 2,03 min. Die durch die Positronenemission bedingte Entstehung von Ver-
nichtungsstrahlung mit $E\gamma = 0,511$ MeV führt zu einer zusätzlichen Strahlenbelastung von Patient und Personal.
Bei Betrachtungen über die induzierte Luftaktivität, die proportional zur bestrahlten Masse und damit zur Größe des Bestrahlungsfeldes ist, müssen innere
Strahlenexpositionen - bedingt durch die Inhalation eines radioaktiven Gases -
mitberücksichtigt werden.
Weiterhin ist der toxische Einfluß der unter der Einwirkung ionisierender
Strahlung entstehenden Ozonbildung und die Einhaltung des oberen Grenzwer-
tes von 0,1 ppm für die höchstzulässige Ozonkonzentration zu beachten (vgl.
Abschn. 6.1.8).
Vor der Freigabe eines medizinischen Elektronenbeschleunigers für den Patien-
tenbetrieb müssen die genannten kritischen Einflußgrößen durch den Betreiber
im Rahmen der strahlenschutztechnischen Überwachungstätigkeit seitens der
zuständigen Behörde überprüft werden. Die Erfahrungen mit der in den letzten
Jahren stark gestiegenen Zahl an Beschleunigern zeigen, daß die Strahlenexposition des Patienten außerhalb des Nutzstrahlenbündelquerschnitts und der

Einfluß der Fremdstrahlungskontamination im Bereich der Nutzstrahlung im Vergleich zur therapeutisch wirksamen Dosis der gewünschten Strahlenqualität zu vernachlässigen sind /6.20/, /6.21/. Der Schutz des Personals vor Gewebe- und Luftaktivierung wird durch die Festlegung und ggf. ständige Kontrolle der erforderlichen Luftwechselzahl - z.B. mit Hilfe eines Schrägrohrmanometers - sichergestellt. Dies gilt auch für bei normalem klinischem Betrieb im allgemeinen geringe Ozonproduktionen, die erst dann relevante Größenordnungen annehmen,wenn der Beschleuniger ohne Energieselektion im Experimentierstrahlbetrieb verwendet wird. Der für diesen Fall eventuell unterdimensionierten Raumbelüftung ist dann durch Einhalten eines entsprechenden zeitlichen Abstandes zwischen Beendigung der Bestrahlung und Betreten des Bestrahlungsraumes Rechnung zu tragen (vgl. Abschn. 6.1.8).

6.2.2.2   Neutronentherapieanlagen

Zur Erzeugung der in der Therapie wesentlich seltener verwendeten Neutronenstrahlung werden sowohl Neutronengeneratoren als auch Zyklotronanlagen eingesetzt, wobei in letzteren vorwiegend der Beschuß eines Berylliumtargets durch Deuteronen gemäß der Reaktion ^{9}Be (d,n)^{10}B zur Produktion von Neutronen eines kontinuierlichen Energiespektrums mit einer Maximalenergie von etwa 16 MeV genutzt wird /2.26/.

In Neutronengeneratoren entstehen schnelle, fast monoenergetische Neutronen (14,1 MeV) bei der Wechselwirkung zwischen in einer Ionenquelle gebildeten und nachfolgend beschleunigten Deuterium-Tritium-Ionen und einem Tritium und Deuterium enthaltenden Target gemäß ^{3}H(d,n)^{4}He, wobei die Neutronen annähernd gleichmäßig in alle Raumrichtungen abgestrahlt und Quellstärken von einigen 10^{12} n/s erreicht werden. Das führt zu einer relativ hohen Aktivierung von Gerätebauteilen /2.15/ und bedingt einen entsprechenden Aufwand für die Strahlerkopfabschirmung, die die Neutronendurchlaßstrahlung im allgemeinen kleiner als 1 % hält /6.22/ bis /6.24/. Die Einblendung des Neutronenstrahls auf die gewünschte Feldgröße erfolgt mit Hilfe von Kollimatoreinsätzen, deren Masse je nach Größe des erforderlichen Nutzstrahlenbündelquerschnittes zwischen einigen 10 und einigen 100 Kilogramm liegt. Die Handhabung und Lagerung der infolge der Neutronenstrahlung aktivierten Kollimatoren erfolgt über einen ferngesteuerten elektromagnetischen Manipulator unterhalb des Bestrahlungsraumes. Der für die jeweilige Behandlung gewünschte Kollimator wird durch eine Bodenplatte hydraulisch in den Bestrahlungsraum gehoben, automatisch in den Strahlerkopf eingesetzt und während der Bestrahlungspausen durch einen äußeren Bleiverschluß abgedeckt, um die von inneren aktivierten Teilen ausgehende γ-Strahlung abzuschirmen.

Der Patientenlagerungstisch besteht zur Vermeidung induzierter Aktivitäten in Metallteilen im Bereich der direkten Neutronenstrahlung aus glasfaserverstärktem Kunststoff und Plexiglas /2.15/. Nicht vermeidbar ist die Aktivierung der Atemluft über die Wechselwirkung zwischen Neutronen und ^{40}Ar, wobei entsprechend der Kernreaktion ^{40}Ar$(n,\gamma)^{41}$Ar γ-Strahlung emittiert wird. Zur Vermeidung unzulässig hoher Aktivitätskonzentrationen müssen die Ventilation und die Einhaltung der erforderlichen Luftwechselzahl sichergestellt werden. Weiterhin sollte die Raumluft auf eine eventuelle Tritiumkontamination aus der Neutronengeneratorröhre mit Hilfe eines Tritium-Monitors überprüft werden. Dies geschieht während der Bestrahlungsphase über die Kontrolle des Röhrendrucks /2.15/.

6.2.3   Bestrahlungsplanung

Der wesentlichste Teil des Patientenstrahlenschutzes wird in einer Optimierung der Bestrahlungsplanung liegen, deren Ziel die Konzentration der Strahlenwirkung auf den zu behandelnden Körperbereich unter gleichzeitiger bestmöglicher Schonung des übrigen Gewebes, speziell strahlensensibler Risikoorgane, ist. Sie ist vor allem deswegen heute von zentraler Bedeutung, weil im Unterschied zur klassischen Orthovolttherapie (Röntgentherapiegeräte mit maximaler Energie von 300 keV) mit Hilfe von Beschleunigern wesentlich höhere Tumordosen in zudem schärfer begrenzten Strahlenquerschnitten appliziert werden können und direkt limitierende Kontrollen wie über die Hauttoleranzdosis durch Dosisaufbaueffekte wegfallen.

6.2.3.1   Lokalisation

Die Bestrahlungsplanung gliedert sich in einen medizinischen und einen physikalisch-technischen Teil. Die funktionalen Zusammenhänge in der Strahlentherapie von der Diagnose einerseits und der Erfassung der physikalischen Meßwerte des Bestrahlungsgerätes andererseits bis hin zur resultierenden Bestrahlung des Patienten sind in Fig. 6.1 zusammengefaßt.

Der medizinische Teil der Bestrahlungsplanung enthält zunächst die prätherapeutische diagnostische Phase. Hierzu gehören die Erstellung von endoskopischen, röntgenographischen und szintigraphischen Befunden, sowie eine even-

tuelle postoperative Bestimmung der Tumorausbreitung und eine morphologi-
sche Bestätigung und Sicherung durch den Pathologen.

<u>Med. Bereich</u>   <u>Phys.-techn. Bereich</u>

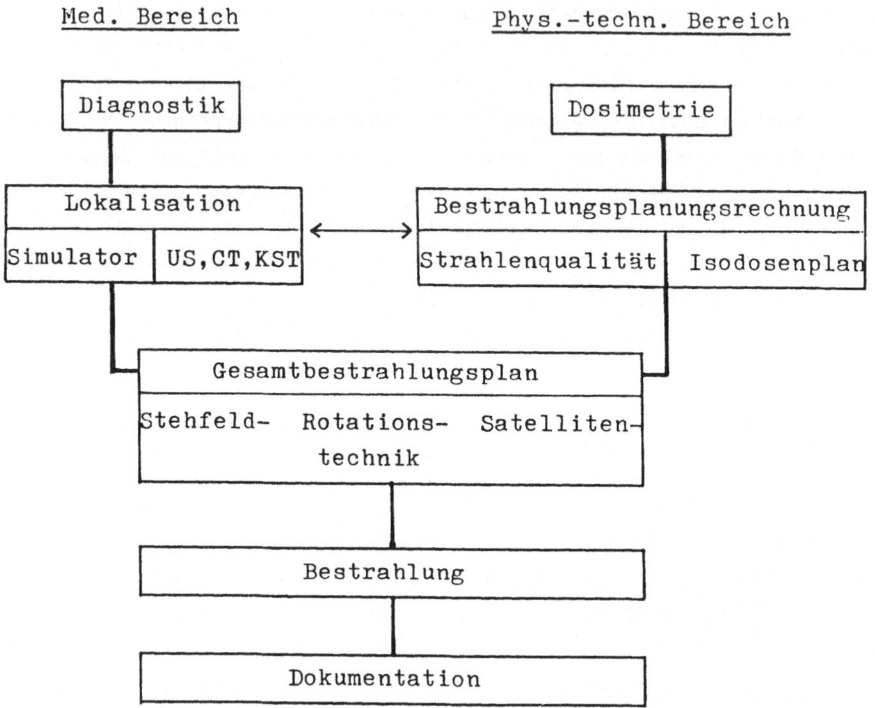

Fig. 6.1:   Funktionale Zusammenhänge in der Strahlentherapie
             (US: Ultraschalltomographie, CT: Röntgencomputertomographie,
             KST: Kernspintomographie)

Daran schließt sich die Festlegung der anatomisch-topographischen Tumoraus-
dehnung, die genaue Definition des zu bestrahlenden Volumens (Zielvolumen)
und seiner relativen Lage zur Patientenkontur an. Dies erfolgt in einem ersten Schritt mit Hilfe eines Therapiesimulators, einer röntgendiagnostischen
Einrichtung, die den Strahlengang für nahezu alle Einstellungen des später
einzusetzenden Bestrahlungsgerätes exakt nachbildet. Ein Simulator besteht
aus einer leistungsfähigen Röntgenröhre und einer mit ihr mechanisch gekoppelten Bildverstärker-Fernsehkette bzw. Kassettenhalterung vor dem Bildver-
stärker, so daß Röntgenaufnahmen von der zu bestrahlenden Körperregion in
beliebigen Projektionen angefertigt werden können /6.25/. Fig. 6.2 verdeut-
licht die an einem Simulator möglichen Einstellungen und Strahlengänge.

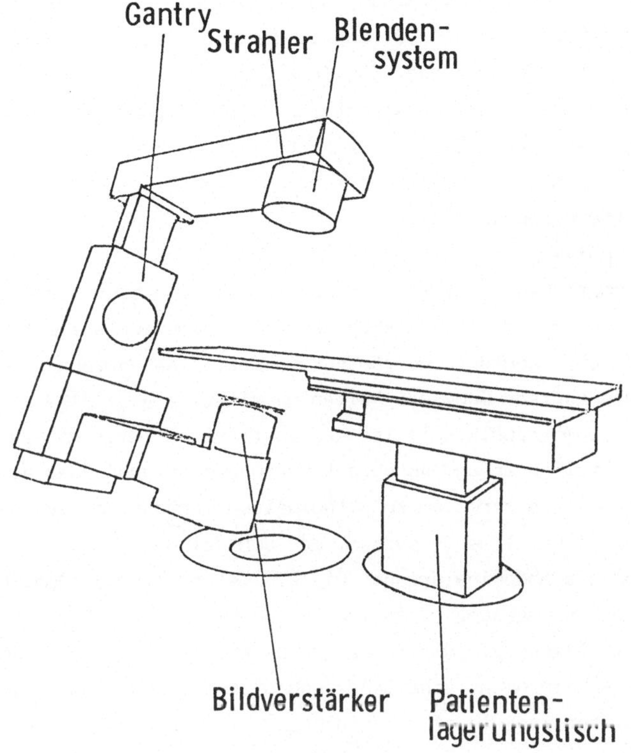

Fig. 6.2:   Schematische Darstellung eines Therapiesimulators

Eine von normalen Röntgendiagnostikanlagen abweichende Konstruktion hat die
Blende. Sie besteht aus der üblichen Tiefenblende, enthält aber zusätzlich
zwei Paare von zu den Blendenkanten parallelen Drähten. Damit läßt sich ein
zur Feldmitte symmetrischer, für die therapeutische Bestrahlung relevanter
Bereich eingrenzen sowie auf der Röntgenaufnahme durch die Schattenbilder
der Drähte dokumentieren und überprüfen. Mit Hilfe eines Lichtvisiers werden
die Drähte auf die Haut des Patienten projiziert und dort markiert. Damit
ist die Eintrittsfläche der Nutzstrahlung für die spätere Bestrahlung des
Patienten am Beschleuniger eindeutig festgelegt. Der erforderliche Querschnitt des Nutzstrahlenbündels wird durch eine entsprechende Einstellung
der Blenden des Beschleunigers realisiert, deren feldbegrenzende Kanten wie-

derum mittels eines Lichtvisiers auf der Haut des Patienten abgebildet und
mit den Simulatormarkierungen zur Deckung gebracht werden.
Eine weitere Sicherung der Lokalisation von Zielvolumen und Risikoorganen
erfolgt durch die Anfertigung von Querschnittsschichtbildern im Bereich der
am Simulator gewonnenen Feldgrenzen. Zur Erzeugung von Körperquerschnitts-
bildern in verschiedenen Ebenen senkrecht zur Körperlängsachse stehen heute
drei Verfahren zur Verfügung: Die
- Ultraschalltomographie
- Röntgencomputertomographie
- Kernspintomographie.
Die Ultraschalltomographie ist vor allem bei der Lokalisation und Größenbe-
stimmung von Tumoren im Abdominalbereich und im Körperweichteilmantel (Mamma,
Thoraxwand, Hals) von Bedeutung, wo röntgendiagnostische Verfahren wegen nur
geringer Dichteunterschiede Schwierigkeiten bereiten.
Die Röntgencomputertomographie (CT) ist geeignet, einen Tumor nachzuweisen
und ermöglicht zusätzlich anhand von Dichtemessungen Angaben über seine Gren-
zen bzw. den Übergang von normalem zu pathologisch verändertem Gewebe. Das
gilt sowohl für das Zentral-Nervensystem, den Schädel-Hals-Bereich, wie auch
für den Thorax und die Abdominalorgane. Die CT liefert eine größenrichtige
Abbildung der gesunden Umgebung eines Tumors und hat erheblich zu einer ver-
besserten Berücksichtigung von Risikoorganen beigetragen, da viele im konventionellen Röntgenbild nicht schattengebenden Organe wie Leber, Milz oder
Nieren bisher in ihrer individuellen Ausdehnung im Körper nicht bekannt waren.
Außerdem erlaubt die CT eine Umsetzung des Tumor- und Zielvolumens in ein
dreidimensionales Bild aus der Bildfolge mehrerer Schnitte /6.26/, sowie die
Angabe exakter numerischer Werte für die Dichte der abgebildeten Strukturen,
die bei der rechnergestützten Erstellung eines Isodosenplanes eine präzisere
Berechnung der Dosisverteilung ermöglicht.
Zunehmende Verbreitung gewinnt der Einsatz der Kernspintomographie zur Diffe-
rentialdiagnostik benigner und maligner Tumoren im Bereich des Gesichtsschä-
dels und von Weichteiltumoren /6.27/, wobei für die Bestrahlungsplanung die
zusätzliche Möglichkeit der Wahl verschiedener Bildebenen von Vorteil ist.

6.2.3.2   Dosimetrie

Während die Verfahren der Lokalisation geometrische Angaben über den Patienten erfassen, besteht die physikalische Vorbereitung für die Bestrahlungs-

planung in der Gewinnung technischer und dosimetrischer Daten des bei der Bestrahlung eingesetzten Beschleunigers.Die sorgfältige experimentelle Bestimmung dieser Daten ist von entscheidender Bedeutung für die Qualität der Do-
sisberechnung.

Dazu gehören vor allem:

- Die Bestimmung der Dosisverteilung in den Achsen des Strahlenfeldes
  (Feldhomogenität)

- Die Bestimmung des Tiefendosisverlaufs der therapeutisch genutzten
  Strahlung ("Strahlenqualität")

- Die Monitorkalibrierung für alle verwendeten Kombinationen von Energie,
  Filter bzw. Ausgleichskörper, Feldgröße und Fokus-Patientenabstand.

In Bestrahlungstabellen werden die Zusammenhänge zwischen am Monitor des Bestrahlungsgerätes vorzuwählenden Werten und damit korrelierter Dosis im Tumorherd zusammengefaßt. Für die Erstellung der dazu erforderlichen Meßwerte
sind in der Richtlinie "Strahlenschutz in der Medizin" /3.7/ konkrete Aussa-
gen über die periphere Ausstattung beim Betrieb medizinischer Beschleuniger
zusammengestellt, die eine optimale Versorgung des Patienten sicherstellen
sollen, so z.B.

- 2 Ionisationsdosimeter zur Dosimetrie am Phantom

- ein Wasserphantom hinreichender Ausdehnung mit ferngesteuerter Detek-
  torbewegung in 3 aufeinander senkrechten Richtungen und gewebeäquiva-
  lente Phantome

- Kleinkammerdosimeter, z.B. Thermolumineszenzdosimeter

- Eisensulfatdosimeter für die Teilnahme am Kalibrierdienst der Physikalisch-Technischen Bundesanstalt, Braunschweig (zur Verifizierung der
  ermittelten Dosiswerte).

Alle genannten Messungen bzw. Meßergebnisse, die mit den der Richtlinie entsprechenden Hilfsmitteln gewonnen werden, sind für die Programmierung des Be-
strahlungsplanungsrechners erforderlich, der auf der Basis der individuellen
Daten der jeweiligen Beschleunigeranlagen und des jeweiligen spezifischen
Patientenquerschnittsbildes arbeitet.

Ein vollständiges Meßsystem zur Gewinnung der geschilderten Meßgrößen ist in
Fig. 6.3 wiedergegeben.

Nach der Richtlinie "Strahlenschutz in der Medizin", Abschnitt 5 wird unter
den Vorschriften zum Schutz des Patienten die geeignete Wahl der Strahlenquelle nach Strahlenart und Strahlenenergie gefordert. Aus den erwähnten Tie-
fendosisverläufen ergibt sich bereits ein Kriterium für die geeignete Strah-

lenqualität (s. Fig. 6.4) am Beispiel eines medizinischen Elektronenlinearbeschleunigers.

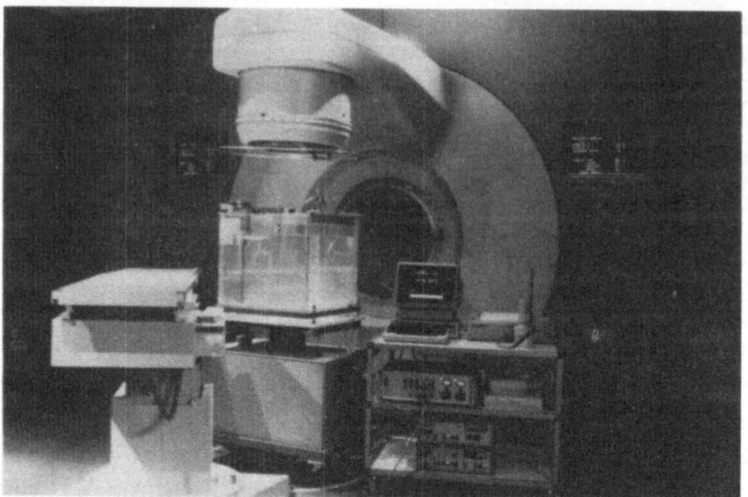

Fig. 6.3:   Rechnergesteuertes Meßsystem zur Dosisbestimmung in einem
              Wasserphantom

Man erkennt, daß mit Abnahme der Elektronenenergie auch ihre Reichweite ab-
nimmt, da es sich bei Elektronen um geladene Teilchen handelt, die ihre kinetische Energie beim Eindringen in den Körper durch Ionisationsprozesse an
ihre Umgebung abgeben und daher eine ihrer Anfangsenergie proportionale, endliche Reichweite haben. Das jenseits ihrer Reichweite liegende Gewebe bleibt
- abgesehen von der mit wachsender Elektronenenergie zunehmenden Bremsstrahlungskomponente - optimal geschont.
Da die Reichweite in cm in Weichteilgewebe etwa gleich dem Zahlenwert der
halben Elektronenenergie - angegeben in MeV - ist, folgt, daß schnelle Elektronen bevorzugt in der Oberflächen- und Halbtiefentherapie Anwendung finden.

Im Vergleich dazu läßt der Tiefendosisverlauf von ultraharter Röntgenstrahlung zweierlei erkennen:

-   Die Tiefendosiskurve hat ihr Maximum nicht in der Gewebeoberfläche, son-
    dern je nach Primärenergie der die Photonen erzeugenden Elektronen in ei-
    ner Gewebetiefe von einigen Zentimetern. Das ermöglicht die Einstrahlung
    einer im Vergleich zur klassischen Orthovolttherapie höheren Tumordosis,
    ohne die Toleranzdosis der Haut zu überschreiten. Die relative Lage des
    Maximums bezüglich der Oberfläche ist durch die Reichweite der in den

obersten Gewebeschichten erzeugten Sekundärelektronen bestimmt, die mit
der Energie der Primärstrahlung zunimmt.

- Die Photonenstrahlung hat im Unterschied zur Elektronenstrahlung keine
  endliche Reichweite, so daß je nach Körperdurchmesser und Primärenergie
  auf der Strahlenaustrittsseite noch 20 bis 60 % der maximalen Intensität
  vorliegen.

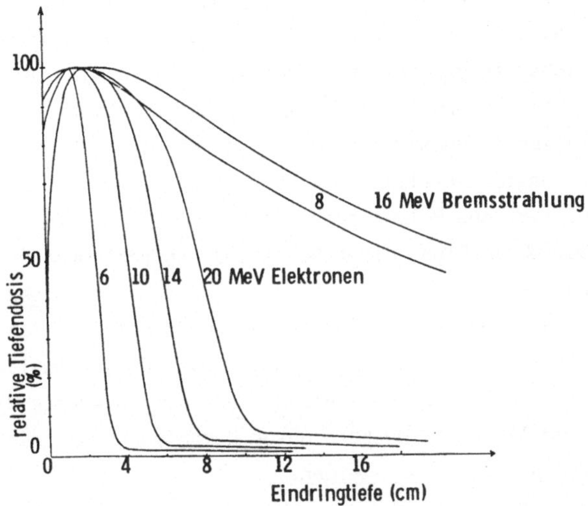

Fig. 6.4:   Relative Tiefendosis von ultraharter Röntgenstrahlung mit einer
Grenzenergie von 8 bzw. 16 MeV und von schnellen Elektronen

Aufgrund des Tiefendosisverlaufes ist die ultraharte Röntgenstrahlung die geeignete Strahlenqualität für die Tiefentherapie.

6.2.3.3   Bestrahlungsplan und Simulation

Um die genaue Dosisverteilung im Patienten bestimmen zu können, fordert die
Richtlinie "Strahlenschutz in der Medizin" in Abschnitt 8.2 den "Zugriff zu
einem computerunterstützten Bestrahlungsplanungssystem", einem Planungsrechner, der auf der Grundlage der gerätespezifischen Basisdaten und der on-line
oder off-line eingegebenen individuellen Patientenkörperquerschnitte einen
Isodosenplan erstellt. Mit Hilfe des Rechners lassen sich verschiedene Be-
strahlungstechniken simulieren und unter Variation der Einstellparameter
(Strahlenqualität, Feldgröße, Fokus-Haut-Abstand, Feldgewichtung, Strahler-
kopfneigung, Rotationswinkel, Skip-Scan-Technik etc.) am Bestrahlungsgerät

die günstigsten Bestrahlungsbedingungen bestimmen, wobei zu berücksichtigen
ist, daß im klinischen Routinebetrieb die Komplexität des Bestrahlungspla-
nes in umgekehrtem Verhältnis zur Genauigkeit und Reproduzierbarkeit der
täglichen Feldeinstellungen am Patienten steht /6.28/.
Vor der Durchführung der Bestrahlung werden die rechnerisch ermittelten Bestrahlungsbedingungen am Simulator kontrolliert. Dazu wird der Patient auf
dem Tisch des Simulators in Bestrahlungsposition gebracht und seine Lage mit
Hilfe zweier seitlich an den Wänden installierter Lichtmarkenprojektoren und
eines Deckenlichtanzeigers auf der Haut markiert. Es ist zwingend erforderlich,
daß sich der Patient sowohl bei Erstellung des Computertomogramms als auch
bei der Simulation in exakt derselben Position wie bei der späteren Bestrahlung befindet. Gegebenenfalls müssen zur Gewährleistung dieser Forderung Lagerungshilfen, z.B. aus Polyurethanschaum oder Gips /6.29/, zu Hilfe genommen werden. Bei Überprüfung einer Mehrfelderbestrahlungstechnik, bei der
sich die Nutzstrahlenbündel aller Einzelfelder innerhalb des Zielvolumens
kreuzen und so eine Dosissummation im Tumorherd unter gleichzeitiger Schonung
der als Strahleneintrittspforte dienenden Haut und eventueller Risikoorgane
ermöglichen, muß der Tumor innerhalb der aus verschiedenen Richtungen eingestrahlten Felder liegen. Dies kann unter Durchleuchtung oder Anfertigung von
Kontrollaufnahmen verifiziert werden.
Als besonders vorteilhaft erweist sich der Simulator aufgrund seiner Bewe-
gungsfreiheitsgrade bei Anwendung von Rotationsbestrahlungen. Dabei liegt
das Isozentrum - d.h. der Schnittpunkt des Zentralstrahls mit der Rotationsachse des Gerätes - innerhalb des Tumors und der Strahlerkopf des Therapie-
gerätes bewegt sich auf einem Kreisbogen um den Patienten.
Bei korrekter Wahl von Pendelradius und Abstand zwischen Strahlungsquelle
und Patientenoberfläche verläuft der Zentralstrahl bei der Rotationsbewegung
des Strahlerkopfes immer durch den Tumor. Diese Bedingung läßt sich mit dem
Simulator unter beliebigen Strahlerkopfwinkeln überprüfen.
Im Rahmen der Satellitentechnik ist die Verifikation von Blockjustierungen
relativ zu anatomischen Fixpunkten des Patienten mit Hilfe des Simulators
von essentieller Bedeutung. Innerhalb großflächiger Bestrahlungsfelder sollen häufig definierte Körperpartien und strahlensensible Risikoorgane durch
einen oder mehrere Satelliten aus stark absorbierendem Material von der
Strahlung abgeschirmt werden. Dazu wird ein geheizter Draht in einer der
späteren Bestrahlungsgeometrie entsprechenden Anordnung der Organkontur des
bei der Lokalisation angefertigten Patientenröntgenbildes nachgeführt und so

die Form des herzustellenden Satellitenblocks in eine Styrodurform geschnitten. Diese wird mit einer niedrig schmelzenden Metallegierung hoher Ordnungszahl ausgegossen und man erhält Satellitenblenden,die auf einer Plexiglasplatte geeignet justiert und fixiert werden /6.30/.

Da Filmfeldkontrollen bei der hochenergetischen Bremsstrahlung des Beschleunigers die Lage der ausgeblendeten Bereiche relativ zu anatomischen Bezugspunkten des Patienten aufgrund des mangelnden Kontrastes nur bedingt erkennen lassen, bietet sich zur Überprüfung der Satellitenpositionierung die Anfertigung von Kontrollaufnahmen mit der konventionellen Röntgenstrahlung des Simulators an.

Bei dem Zusammenspiel zwischen Simulator, Computertomograph und Planungsrechner einerseits und Bestrahlungsgerät andererseits ist zur Qualitätssicherung in der Strahlentherapie zwingend erforderlich, daß die Toleranzen und Anzeigekontrollen bei allen Parametern, die die relative Lage von Patient und Nutzstrahlenbündel am Simulator sowie am Therapiegerät beeinflussen, kontrolliert und eingehalten werden. Um dies zu gewährleisten, bedarf es beispielsweise der Überprüfung folgender Parameter:

Fokus-Oberflächenabstand, Winkelanzeige der Achsenlage im Raum, Lichtmarkenprojektion, Übereinstimmung von Lichtvisier und Strahlenfeld, Lage des Isozentrums, Abbildungsmaßstäbe am Computertomographen und am Bestrahlungsplanungsrechner (ggf. anhand geeigneter Meßphantome bzw. standardisierter Bestrahlungspläne).

Die entsprechenden Zeitabstände, in denen derartige Kontrollen vorgenommen werden müssen, sind in der Richtlinie "Strahlenschutz in der Medizin" festgelegt.

6.2.3.4 Durchführung der Bestrahlung und Dokumentation

Die reproduzierbare Lagerung des Patienten für eine korrekte Feldeinstellung ist eine der wichtigsten und schwierigsten Aufgaben, um Veränderungen des bestrahlten Volumens im Körperinnern zu vermeiden. Als Hilfsmittel für die exakte Patientenpositionierung sind Lagerungshilfen (z.B. aus Polyurethanschaum, Gips etc.) und zwei an den Wänden fest installierte Lichtmarkenprojektoren und ein weiterer Deckenlichtanzeiger geeignet, die so justiert sind, daß sich ihre Projektionsachsen im Isozentrum schneiden. Der Bestrahlungstisch soll aus Gründen der gleichen Lagerungsmöglichkeit mit dem Patiententisch am CT und am Simulator identisch, sowie für Untertischbestrahlungen segmentweise durch strahlendurchlässige, kunststoffbespannte Rahmen ersetzbar sein. Wäh-

rend der Bestrahlung bleibt der Tisch arretiert, bei vielen Beschleunigern
läßt sich die Anlage aufgrund eines internen Interlockkreises nicht in den
Betriebszustand "Strahlung" bringen, solange zum Schutz des Patienten nicht
die erforderliche Positionsfixierung über das Tischbremsensystem gewährleistet ist. Während der Bestrahlung wird der Patient akustisch über eine Wechselsprechanlage und optisch über eine Fernsehkamera-Monitoreinheit überwacht.
Quetschsicherungen am Strahlerkopf und an den Tubussen stellen einen Kollisi-
onsschutz zwischen Patient und Gerät dar und führen bei einem Ansprechen des
jeweiligen Sicherheitskreises zu einer Unterbrechung der Bestrahlung, die
erst dann wieder aufgenommen werden kann, wenn der zugehörige Fehler manuell
bestätigt und behoben ist.
Ein komplexes internes Überwachungssystem eines Therapiebeschleunigers sorgt
für ein hohes Maß an gerätetechnischer Sicherheit des Patienten. So hat ein
Elektronenbeschleuniger eine Vorrichtung, die die Strahlung abschaltet, sobald die Energie der Elektronen, die auf die Antikathode oder das Elektronenaustrittsfenster treffen, um einen bestimmten prozentualen Anteil vom Soll-
wert abweicht, da der gewünschte Tiefendosisverlauf sonst nicht mehr gewährleistet ist. Die Abschaltung des Gerätes nach Applikation der erwünschten
Dosis erfolgt mittels eines im Rahmen der Dosimetrie kalibrierten Monitor-
systems nach Erreichen eines dosiskorrelierten Einstellwertes. Für den Fall
des Versagens dieses Systems ist jeder Beschleuniger nach DIN 6847 Teil 1
mit einem zweiten, vom ersten völlig unabhängig arbeitenden Monitorsystem
ausgerüstet, das bei einer Störung die Abschaltfunktion des ersten übernimmt.

Dieser Sekundärmonitor und die zugehörige Anzeige werden um einen definierten
Prozentsatz erhöht, um Konkurrenzabschaltungen zwischen Monitor I und Monitor II, z.B. infolge von Meßwertschwankungen, auszuschließen. Kontrollschal-
tungen verhindern Bestrahlungen mit fehlerhaften Energie/Folien- bzw. Ener-
gie/Ausgleichskörperkombinationen. Beide sichern eine homogene Dosisverteilung innerhalb des Bestrahlungsfeldes und zwar für Elektronen- bzw. Photonenstrahlung. Im Strahlerkopf integrierte Mehrfelderionisationskammern überprüfen während der Bestrahlung die Flatness, d.h. die Feldhomogenität innerhalb des Nutzstrahlenbündels, und schalten bei Abweichungen oberhalb eines
definierten Prozentsatzes vom Mittelwert zum Schutz des Patienten selbsttätig die Bestrahlung ab.
Um bei Bewegungsbestrahlungen Fehlerquellen auszuschließen, sind Beschleuniger mit Vorrichtungen ausgerüstet, die die Strahlungsemission unterbrechen,
wenn der Strahler bei vorgewählter Bewegungsbestrahlung stehenbleibt oder

die Bewegung um mehr als 5 % über den Endpunkt des eingestellten Winkelbe-
reichs hinausgeht. Moderne Beschleuniger errechnen selbständig aus der Eingabe von Dosis und gewünschtem Rotationswinkel die kürzestmögliche Bestrahlungszeit und die zugehörige Dosisleistung. Wird die erforderliche Dosis pro
Grad nicht eingehalten, schaltet die Maschine selbständig ab, um eine inhomogene Dosisverteilung auszuschließen.

Außer von geräteseitigen Parametern hängt die Sicherheit des Patienten vorr feh-
lerhafter Strahlenexposition von der korrekten Einstellung der Maschinenpara-
meter seitens des Personals ab. Um die mit der manuellen Eingabe der Bestrah-
lungsdaten verknüpften Fehlermöglichkeiten einzuschränken, arbeiten viele moderne Beschleuniger mit rechnergestützten Einstell- und Protokolliersystemen.
Von Datenträgern vorgegebene und am Bestrahlungsgerät eingestellte Parameter
werden miteinander verglichen und die Freigabe der Bestrahlung erfolgt nur
dann, wenn alle Parameter innerhalb frei wählbarer Toleranzen miteinander über-
einstimmen. Dies betrifft z.B. die Einwahl folgender Bestrahlungsgrößen: Strahlenart, Energie, Rotations- und Stehfeldbestrahlung, Dosis, Winkel für Rotationsbestrahlung, Feldgröße in x und y - Richtung, etc. /6.31/,/6.32/.

Nach der Richtlinie "Strahlenschutz in der Medizin", Abschnitt 6.2.5 muß über
die Patientenbestrahlung eine Bestrahlungsliste geführt werden, aus der die
Reihenfolge der bestrahlten Patienten und die zugehörigen charakteristischen
Einstellparameter hervorgehen. Die Auflistung dieser Daten erfolgt automatisch
über ein Protokolliersystem, das sowohl das gesetzlich geforderte Tagesproto-
koll als auch eine maschinell erstellte Patientenkontrollkarte zur Verfügung
stellt, die zusätzlich z.B. Informationen über die innerhalb einer Serie bereits applizierte Gesamtdosis sowie z.B. die Teilkörperdosis in Risikoorganen enthält und so den aktuellen Stand der Bestrahlung dokumentiert.

Trotz aller Raffinessen der Sicherheitskreise und Datenerfassungssysteme ist
höchste Aufmerksamkeit des Personals auf mögliche Unregelmäßigkeiten beim Be-
strahlungsbetrieb erforderlich.

Zusammengefaßt hier noch einmal die für den Bereich der Strahlentherapie wichtigsten, in diesem Abschnitt vorgestellten strahlenschutzrelevanten Maßnahmen
für den Patienten:

- Überwachung der Nutzstrahlung

- Begrenzung der Fremdstrahlungsanteile

- Sicherung und Kontrolle der Bestrahlungsparameter

- Reduzierung der Strahlung außerhalb des Nutzstrahlenbündels (z.B. Leck-
  und Streustrahlung)

für das Personal:

- Begrenzung der Strahlung außerhalb des Bestrahlungsraumes
- Kontrolle der Türsicherungen bzw. Schutz vor ungewolltem Bestrahlungs-
  betrieb
- Erfassung der Strahlenbelastung durch Aktivierung von Raumluft, Anlagen-
  teilen und Patientengewebe.

7. Anwendungsbeispiele

K. Ewen, P.G. Fischer,
H.J. Probst und K. Schienbein

An dieser Stelle sollen einige Abschirmungsfragen sowie ihre rechnerische Lösung und die Konzeption einiger Personensicherheitssysteme von Beschleunigeranlagen beschrieben werden, die sowohl auf dem medizinischen als auch auf dem
nichtmedizinischen Gebiet im Land Nordrhein-Westfalen betrieben werden. Die
Grundlagen dafür sind in den Kap. 4 und 6 enthalten. Außerdem werden einige
Beispiele zum Aktivierungsproblem behandelt, dessen Grundlagen in Kap. 5 besprochen wurden.

7.1 Medizinische Elektronenbeschleuniger (Fig. 7.1)

7.1.1 Baulicher Strahlenschutz

Aufgabe:

Die Abschirmdicken für einen medizinischen 20 MeV-Elektronenlinearbeschleuni-
ger sollen ermittelt werden.

a) Bedienraum: Nutzstrahlrichtung für Photonen, Daueraufenthalt im betrieblichen Überwachungsbereich ((8) in Fig. 7.1).

$W = 10^6$ mGy/Woche, vgl. Tab. 4.2

$H_W = 0,1$ mSv/Woche, vgl. Tab. 4.1

$U = 1$ regelmäßige Nutzstrahlrichtung, vgl. Tab. 4.3

$T = 1$ Daueraufenthalt, vgl. Tab. 4.4

$a_n = 5,0$ m Abstand von der Primärstrahlenquelle

$K_r = a_o^2/a_n^2 = 0,04$ ($a_o = 1$ m), vgl. Tab. 4.5

$q = 1$ mSv · mGy^{-1} Bewertungsfaktor für Photonen, s. Abschn. 4.5.1

$z_r = 92/3,2$ cm Zehntelwertdicke für Barytbeton ($\rho = 3,2$ g cm^{-3}),
vgl. Tab. 4.6

Eingesetzt in Gl. (4.5):

$$x_r = z_r \; \log \frac{WUT \, K_r \, q}{H_W} \, ,$$

errechnet sich eine notwendige Abschirmdicke für die Nutzstrahlenabschirmung von

$$x_r = 161 \text{ cm Barytbeton.}$$

b) Grünanlage: keine Nutzstrahlrichtung, Aufenthalt von Betriebsfremden im außerbetrieblichen Überwachungsbereich; Zusammenwirken von Durchlaßstrahlung und Streustrahlung auf einen Aufpunkt ((1) in Fig. 7.1).

Parameter wie a), außer

H_W = 0,03 mSv/Woche, vgl. Tab. 4.1

U = 1 Streustrahlung und Durchlaßstrahlung, vgl. Tab. 4.3

T = 0,3 Verkehrsfläche außerhalb des Strahlbetriebes, kein Daueraufenthalt, vgl. Tab. 4.4

a_n = 4,5 m Abstand von der Primärstrahlenquelle

$$K_o = \frac{\dot{D}_o \, a_o^2}{\dot{D}_r \, a_n^2} = \frac{10^{-3}}{4,5^2}, \text{ vgl. Tab. 4.5}$$

a_s = 4,5 m Abstand von der Sekundärstrahlenquelle

F_N = 0,16 m^2 maximaler Querschnitt des Nutzstrahlenbündels im Abstand a_o = 1 m von der Primärstrahlenquelle, vgl. Tab. 4.5

$$K_s = 10^{-2} \; \frac{F_N}{a_s^2}, \text{ vgl. Tab. 4.5}$$

$z_r = z_o$ = 98/2,3 cm Zehntelwertdicke für Durchlaßstrahlung (Normalbeton, ρ = 2,3 g cm^{-3}), vgl. Tab. 4.6

z_s = 37/2,3 cm Zehntelwertdicke für Streustrahlung (Normalbeton ρ = 2,3 g cm^{-3}), vgl. Tab. 4.7

Eingesetzt in Gl. (4.5):

$$x_o = z_o \; \log \frac{WUT \, K_o \, q}{H_W} \qquad \text{bzw.}$$

$$x_s = z_s \; \log \frac{WUT \, K_s \, q}{H_W} \, ,$$

errechnet sich die notwendige Abschirmdicke für die Durchlaßstrahlung

$$x_o = 115 \text{ cm Beton (77 cm Barytbeton)}$$

bzw. für die Streustrahlung

$$x_s = 47 \text{ cm Beton (26 cm Barytbeton)}.$$

Die Schichtdickendifferenz Δz = 68 cm wird durch die kleinere Zehntelwertdicke z_s = 16 cm dividiert:

$$\Delta z1 = \Delta z/z_s = 4,25.$$

Nach Tab. 4.9 ist kein Zuschlag zu x_o erforderlich ($\Delta z2 = 0$).

c) Tor: keine Nutzstrahlrichtung, seltener Aufenthalt für Betriebsangehörige im betrieblichen Überwachungsbereich. Zusammenwirken von Durchlaßstrahlung, Streustrahlung und Tertiärstrahlung. Der zugelassene Grenzwert für die Ortsdosis beträgt H_W = 0,1 mSv/Woche. Infolge Durchlaßstrahlung und Streustrahlung werde eine Ortsdosis von 0,03 mSv/Woche erzeugt. Dann bleibt infolge Tertiärstrahlung eine zulässige Ortsdosis von H_W = 0,07 mSv/Woche (vgl. Tab. 4.1 und Abschn. 4.5.3, (5) in Fig. 7.1).

H_W = 0,07 mSv/Woche

U = 1 für Tertiärstrahlung, vgl. Tab. 4.3

T = 0,1, vgl. Tab. 4.4

$$K_t = (10^{-6} + 10^{-2}\, \frac{\dot{D}_o}{\dot{D}_r}) \cdot F_t, \text{ vgl. Tab. 4.5}$$

$$\frac{\dot{D}_o}{\dot{D}_r} = 10^{-3}$$

F_t = 10 m^2 Streufläche

a_t = 6 m Abstand der Streufläche zum zu schützenden Bereich

q = 1 mSv $\cdot$ mGy^{-1} Bewertungsfaktor für tertiäre Photonenstrahlung

z_t = 17/11,3 cm, vgl. Tab. 4.7

Eingesetzt in Gl. (4.5):

$$x_t = z_t \, \log \frac{WUT\,(10^{-6} + 10^{-2}\, \frac{\dot{D}_o}{\dot{D}_r}) \cdot F_t \cdot q}{H_W \cdot a_t^2},$$

errechnet sich die notwendige Abschirmdicke für tertiäre Photonenstrahlung

$$x_t = 10 \text{ mm Blei.}$$

Für die gestreuten Neutronen:

$$K_g = \frac{\alpha_n \cdot F_t \cdot a_o^2}{a_s^2 \cdot a_t^2} \qquad \text{Reduktionsfaktor, vgl. Gl. (4.13)}$$

$$\alpha_n = \frac{0,1}{2\,\pi}$$

Lt. Abschn. 4.5.2 beträgt die Neutronenquellstärke bei Elektronenbeschleunigern $\beta = 2 \cdot 10^{12}$ n s^{-1} pro kW elektrischer Leistung bzw. die Neutronenflußdichte nach Gl. (4.6) $\phi = 1,6 \cdot 10^7$ n cm^{-2} s^{-1} pro kW. Nach Gl. (4.7) errechnet sich daraus die Kermaleistung unter Berücksichtigung der für einen medizinischen Elektronenlinearbeschleuniger typischen elektrischen Leistung $P = 5 \cdot 10^{-3}$ kW:

$\dot{H}_n = 2$ mGy min^{-1}. Die wöchentliche Einschaltzeit beträgt $t_w = 250$ min (lt. Tab. 4.2). Daraus ergibt sich die Betriebsbelastung:

W = 500 mGy/Woche

a_s = 4 m Abstand der streuenden Fläche zur Neutronenquelle

q = 10 mSv $\cdot$ mGy^{-1}, vgl. Gl. (4.8)

z_g = 21 cm Paraffin, vgl. Tab. 4.8

eingesetzt in Gl. (4.5):

$$x_g = z_g \, \log \frac{\text{WUT} \cdot K_g \cdot q}{H_W},$$

errechnet sich die notwendige Abschirmung für gestreute Neutronen

$$x_g = 6,2 \text{ cm Paraffin.}$$

Rechnet man nach DIN 6847 Teil 2 (dort Abschnitt 8.7.6), so ergibt sich:

$$x_g = 10,6 \text{ cm Paraffin.}$$

Gewählt wurde ein Mittelwert von 8 cm Paraffin.

Die notwendige Abschirmdicke des Tores beträgt also

$$x_t + x_g = 10 \text{ mm Blei} + 80 \text{ mm Paraffin.}$$

7.1.2 Personensicherheitssystem

Warnlampen zeigen den Betriebszustand an, und zwar GRÜN: Strahlung AUS, ROT: Strahlung EIN. Auf eine Hupe wird aus naheliegenden Gründen verzichtet. Das

Leuchttransparent erfüllt die Forderung für die Kennzeichnung des Sperrbe-
reichs nach § 51 Abs. 1 StrlSchV in sinnvollerer Weise als fest montierte
Schilder, da es nur bei eingeschalteter Strahlung aufleuchtet.

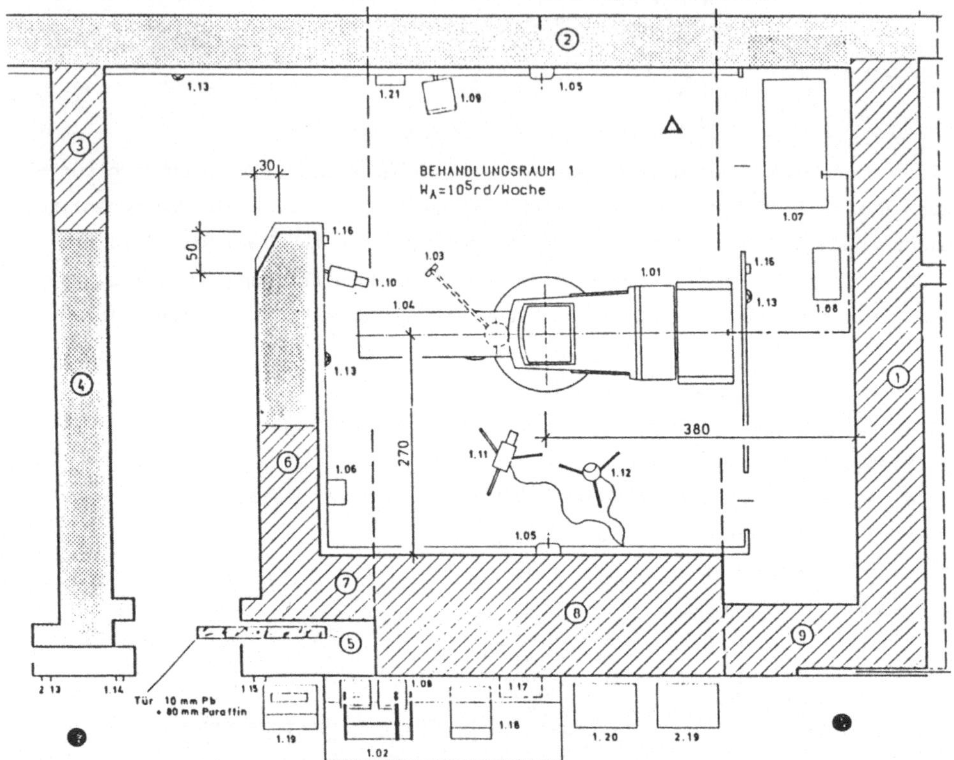

Fig. 7.1:   Abschirmungen und Personensicherheitssystem am medizinisch genutzten Elektronenlinearbeschleuniger MEVATRON 77 der Firma Siemens
1.01   Elektronenlinearbeschleuniger
1.02   Bedienpult
1.04   Patientenlagerungstisch
1.05   Wandlichtvisier
1.09   Sichtgerät
1.10   Fernsehkamera (fest angebaut)
1.11   Fernsehkamera (auf Stativ)
1.12   Wechselsprechanlage
1.13   Warnlampe
1.14   Leuchttransparent
1.15   Not-Aus-Eintaster mit Kontrolllampe
1.16   Not-Austaster mit Verriegelung

Türkontakte verriegeln den zwischen Wand (1) und dem Beschleuniger befindlichen Maschinenraum. Um zu verhindern, daß sich Personen bei eingeschalteter
Strahlung versehentlich im unabgeschirmten Maschinenraum aufhalten, muß vor
Einschalten des Beschleunigers im Maschinenraum eine Freigabe erfolgen. Zu
diesem Zweck ertönt ein akustisches Signal, bis beide Türen geschlossen sind.
Diese Freigabe ist nur dann erforderlich, wenn eine der beiden Türen geöffnet
wurde oder der Beschleuniger, z.B. morgens, vollkommen neu "angefahren" werden muß. Will man auf das akustische Signal verzichten, so wird man dazu gezwungen, beide Türen innerhalb von 30 s nacheinander zu schließen. Zu diesem
Zweck ist es unumgänglich, den Raum abzugehen.

7.2 Zyklotron (Fig. 7.2, 7.4, 7.8)

7.2.1 Baulicher Strahlenschutz

Aufgabe:

Die Abschirmdicke für ein Zyklotron soll bestimmt werden, wobei zugrunde gelegt wird, daß 12 MeV-Deuteronen auf ein dickes Beryllium-Target geschossen
werden. In Primärstrahlrichtung beträgt die Quellstärke in 0°-Richtung $\beta^o =$
10^{12} n s^{-1}, in 90°-Richtung $\beta^{90} = 2 \cdot 10^{11}$ n s^{-1}.

Folgende Daten werden zugrundegelegt:

$$t_w = 2400 \text{ min/Woche, vgl. Tab. 4.2}$$
$$W^o = \phi^o C_n t_w = 4{,}8 \cdot 10^5 \text{ mGy/Woche, vgl. Abschn. 4.5.2}$$
$$W^{90} = \phi^{90} C_n t_w = 9{,}6 \cdot 10^4 \text{ mGy/Woche}$$
$$U = 1, \text{ vgl. Tab. 4.3}$$
$$\left.\begin{array}{l} T^o = 0{,}1 \\ T^{90} = 1 \end{array}\right\} \text{Aufenthaltsfaktor, vgl. Tab. 4.4}$$
$$H_w = 0{,}1 \text{ mSv/Woche, vgl. Tab. 4.1}$$
$$a_n^o = a_n^{90} = 10 \text{ m Abstände von der Strahlenquelle}$$
$$z_n = 96/2{,}3 \text{ cm Zehntelwertdicke für Normalbeton, vgl. Tab. 4.8 (< 15 MeV)}$$
$$q = 10 \text{ mSv} \cdot \text{mGy}^{-1} \text{ Bewertungsfaktor für Neutronen, vgl. Gl. (4.8)}$$

Eingesetzt in Gl. (4.5), ergibt sich mit $K_i = (a_o/a_n)^2$:

$$x_n = z_n \, \log \frac{WUT \, (\frac{a_o}{a_n})^2 \, q}{H_w},$$

in Vorwärtsrichtung:

$$x_n^0 = 195 \text{ cm Normalbeton}$$

seitwärts:

$$x_n^{90} = 208 \text{ cm Normalbeton.}$$

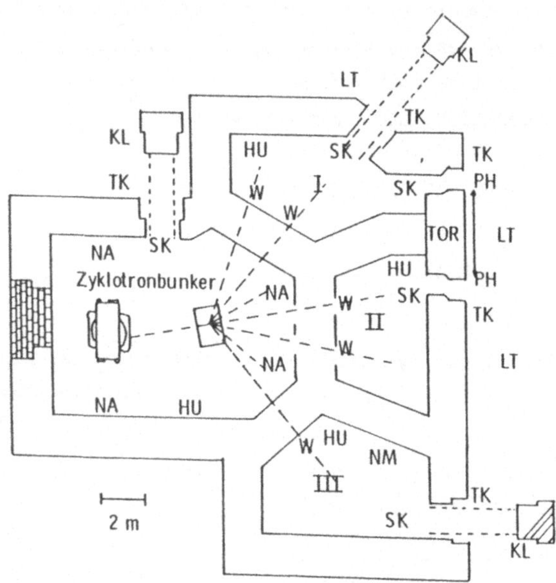

Fig. 7.2:   Abschirmungen und Personensicherheitssysteme am Kompaktzyklotron
der KFA Jülich /2.28/
W = Warnlampe, HU = Hupe, TK = Türkontakt, NA = Notausschalter,
SK = Sicherheitskette, KL = Kontaktleiste, PH = Photozelle bzw.
Lichtschranke, NM = Neutronenmonitor, Abschirmmaterial: Normal-
beton

7.2.2.1   Personensicherheitssystem (Kompaktzyklotron der KFA Jülich)

Vor Schließen eines Tores muß auf der Innenseite eine Sicherheitskette (SK)
eingehängt werden. Die einzelnen Räume sind so übersichtlich, daß dabei festgestellt werden kann, ob sich dort noch Personen aufhalten. Erst dann kann
der Motor für die Torbewegung eingeschaltet werden. Kontaktleisten (KL) an
den Stopfentoren zum Zyklotronraum und zu allen Targeträumen sollen verhindern, daß sich Personen oder Gegenstände im Fahrbereich dieser Tore befinden.
Die Schiebetüren zu den Targeträumen I und II sind mit Lichtschranken (PH)

ausgerüstet, so daß diese Türen nur gefahren werden können, wenn die Lichtschranken nicht unterbrochen sind.

Die Tore oder Türen zu den Targeträumen I, II,III sind über Strahlrohrverschlüsse verriegelt, die sich hinter dem Schaltmagneten in den 7 Strahlroh-
ren befinden. Es kann nur jeweils ein Strahlrohrverschluß geöffnet werden.

Beim Öffnen der Targetraumtüren werden aus Abschirmungsgründen die Strahl-
rohrabschnitte im Wanddurchführungsbereich mit Polyäthylen-Kugelketten (s.
Fig. 7.3) automatisch verschlossen.

Warnlampen (W) zeigen an, ob die Kugelketten eingefahren sind (GELB) oder
nicht (ROT). Nach Schließen des Stopfentores zum Zyklotronraum ertönt ca.
30 s lang ein akustisches Signal (HU). Erst danach kann das Zyklotron eingeschaltet werden. Nach Abschalten des Zyklotrons ist das Stopfentor zur Vermeidung von Strahlenexpositionen durch induzierte Radioaktivitäten noch 5 min
zwangsverriegelt, bevor es geöffnet werden kann.

Leuchttableaus (LT) außerhalb der Sperrbereiche zeigen die Betriebszustände
des Zyklotrons an: "Magnet EIN", "Strahl intern" und "Strahl extern 1 bis 7",
letzteres je nach angewählter Strahlrohrnummer.

Die Abluft des gesamten Zyklotronbereiches wird über eine Abluftüberwachungs-
anlage geführt. Die Monitoranzeigen befinden sich in der Warte. Zwei Warn-
schwellen sind einstellbar. Bei Erreichen der unteren Schwelle ertönt ein
akustisches Signal, bei Erreichen der oberen Schwelle erfolgt eine automatische Abschaltung des Zyklotrons.

Da sich die Strahlenschutztore von innen nicht öffnen lassen, sind alle diesbezüglichen Bereiche mit Sprechanlagen und Telefonen ausgerüstet.

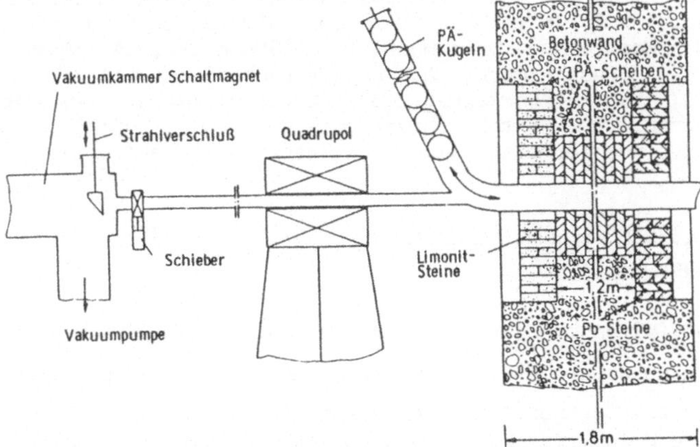

Fig. 7.3: Beispiel für eine Strahlrohrdurchführung vom Zyklotronbunker zum
Targetraum, die aus Abschirmungsgründen mit Polyäthylenkugeln verschlossen werden kann /2.28/

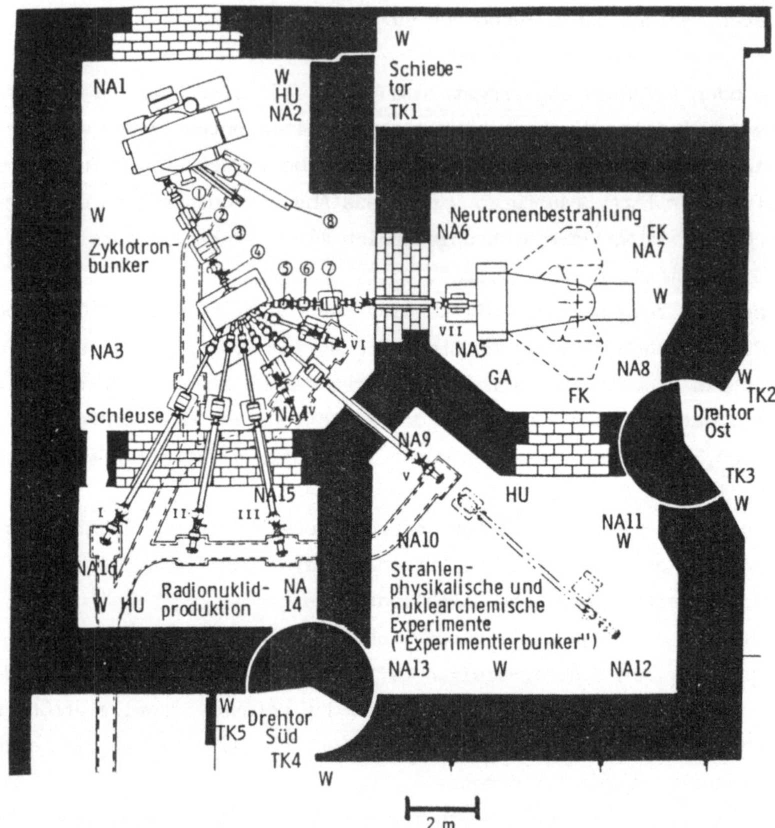

Fig. 7.4:   Abschirmungen und Personensicherheitssysteme am medizinisch genutzten Zyklotron TCC CV 28 des Universitätsklinikums Essen /2.26/
W = Warnlampen, HU = Hupe, TK = Türkontakt, NA = Notausschalter,
FK = Fernsehkamera, GA = Gegensprechanlage, (1) = Strahlscanner,
(2) = X-Y-Steuermagnet, (3) = Quadrupolmagnet, (4) = Hauptstrahlstopp, (5) = Strahlrohrvakuumsystem, (6) = Strahlstopp, (7) =
externes Targetsystem, (8) = internes Targetsystem

7.2.2.2   Personensicherheitssystem (med. Zyklotron des Universitätsklinikums Essen)

Die Warnlampen (W) an den Toren zeigen GRÜN bei freiem Zugang zu den vier Bereichen Zyklotronbunker, Neutronenbestrahlung, Radionuklidproduktion und Experimentierbunker. Die Farbe GELB bedeutet STRAHLUNGSBEREITSCHAFT. Für den
Zyklotronbunker heißt das: Einschalten der Ionenquelle, für die Radionuklidproduktion: Polarität des Schaltmagneten positiv, für die Neutronenbestrah-

lung und den Experimentierbunker: Hauptstrahlstopp (4) geöffnet. Bei ROT
liegt Strahlung vor, was für den Zyklotronbunker das Einschalten der Hochfrequenz bedeutet, für die Radionuklidproduktion das Öffnen des Hauptstrahl-
stopps und für die beiden übrigen Bereiche das Öffnen der jeweiligen Strahlstopps (6) hinter dem Schaltmagneten.
Die Hupen (HU) ertönen ca. 10 s lang in allen Bereichen bis auf die Neutronenbestrahlung, sobald die Farbe GELB aufleuchtet.
Alle Tore sind mit Kontaktleisten, die Drehtore zusätzlich mit Lichtschranken ausgerüstet, die gegebenenfalls die Torbewegung unterbrechen können.
Außerdem ertönt während der Tordrehung ein Gong. Die Position der Drehtore
ist durch einen Drehschalter vorgegeben. Nur bei optimaler Abschirmposition
kann STRAHLUNGSBEREITSCHAFT angewählt werden. In Fig. 7.4 ist das für die
Radionuklidproduktion gegeben, während der Experimentierbunker zwar durch das
Drehtor OST optimal gesichert ist, nicht jedoch durch das Drehtor SÜD. Bei
Strahlbetrieb können bereits geschlossene Tore nur von innen sofort wieder
geöffnet werden; von außen ist das Abwarten von durch Zeitschaltuhren festgelegten Zeitspannen zum Abklingen von induzierten Aktivitäten unerläßlich.

Die Strahlrohrverschlüsse (Strahlstopps) sind als Hubzylinder ausgeführt und
müssen zur Strahlfreigabe aus dem Strahlengang gehoben werden. Nur ein völliges Einfahren des Stopps löst eine Entriegelung des Personensicherheitssystems aus, nicht aber eine z.B. durch Verkantung bedingte Zwischenposition.

In allen Sperrbereichen und auch außerhalb sind ODL-Systeme für Photonen-
und Neutronenstrahlung installiert mit der Möglichkeit, Grenzwerte einzu-
stellen. Die Anzeigen laufen in der Warte zusammen. Die RLT-Anlage besitzt
eine Überwachungsanlage für radioaktive Gase. Eine Überschreitung diesbezügli-
cher Grenzwerte wird ebenfalls der Warte gemeldet.
In Fig. 7.5 und 7.6 ist das Raumverriegelungssystem für den Zyklotron- und
Experimentierbunker zusammengefaßt. Fig. 7.7 zeigt ein Anzeigetableau in der
Warte, das einen schnellen Überblick über den Zustand des Personensicherheitssystems gestattet.

7.2.2.3   <u>Personensicherheitssystem</u> (Isochronzyklotron der KFA Jülich)

Akustische Signale hört man in folgender abgestufter Folge: Eine Glocke (GL)
ertönt ca. 10 s lang vor Setzen der Raumverriegelung, ein Summer (SU) während
der Verriegelungsphase, eine Hupe (HU) ca. 30 s lang, sobald der letzte Kontakt der Verriegelung geschlossen ist. Erst dann kann das Zyklotron einge-

schaltet werden.

Raumverriegelung Zyklotronbunker

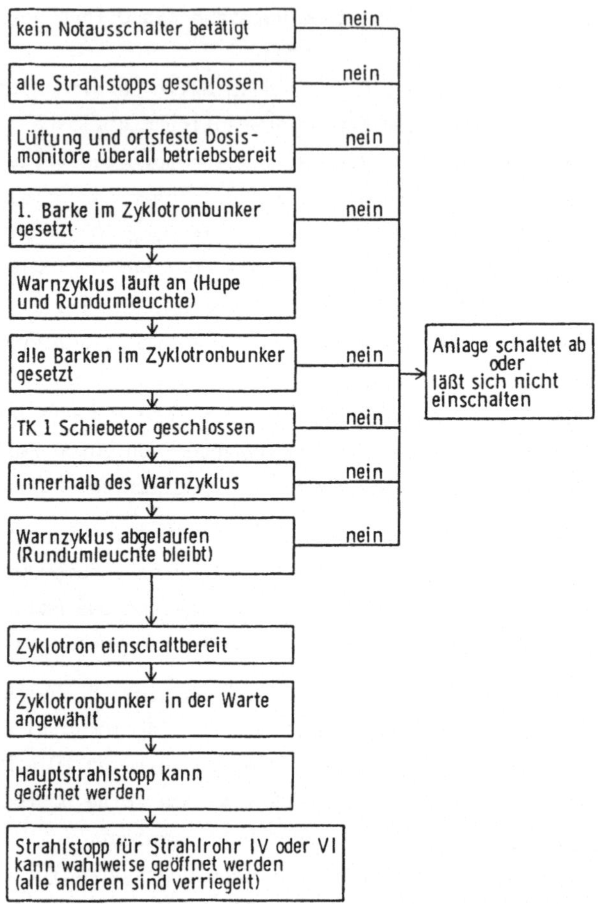

Fig. 7.5:   Überblick über das Raumverriegelungssystem des Zyklotronbunkers
            (vgl. Fig. 7.4; Barke = Schlagtaster, vgl. Abschn. 6.1.4)

Alle Türen und Tore zu den Sperrbereichen sind mit Türkontakten (TK) versehen
und in der Verriegelungskette in Reihe geschaltet. Durch Anwahl eines Expe-
rimentierraumes oder nur des Zyklotron-Bunkers werden die Türkontakte aller
anderen, nicht als Sperrbereiche vorgesehenen Räume überbrückt und die entsprechenden Strahlrohre mit Verschlüssen (SV) geblockt. Alle Türen sind von
innen mit sog. Panikklinken versehen, die bei Betätigung die Abschaltung der
Strahlung bewirken. Das Stopfentor zum Zyklotron-Bunker ist zur Vermeidung

von Quetschungen mit Kontaktleisten versehen, die ggf. die Torbewegung stoppen können.

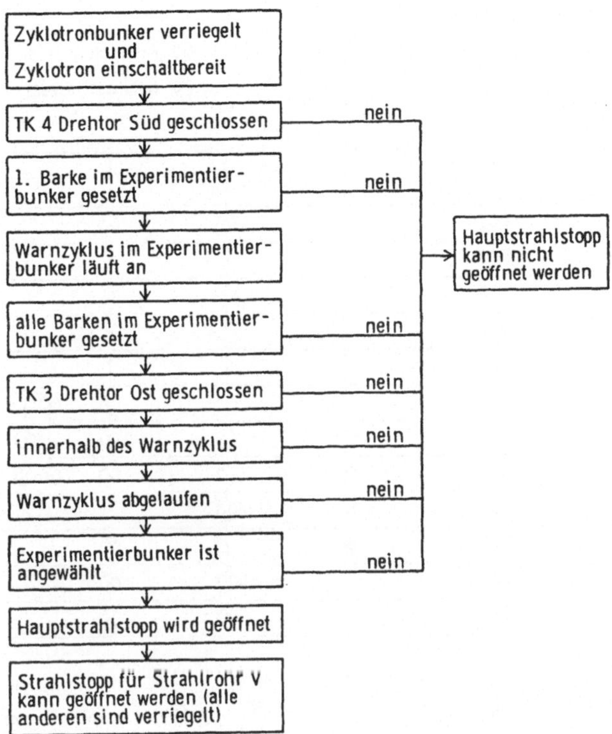

Fig. 7.6:   Überblick über das Raumverriegelungssystem des Experimentier-
bunkers (vgl. auch Fig. 7.4; Barke = Schlagtaster, vgl. Abschn. 6.1.4)

Die Strahlausschalter (Notausschalter, SA) liegen in der Verriegelungskette ebenfalls in Reihe mit den Türkontakten.

Bereiche, in denen mit erhöhten Ortsdosisleistungen während des Beschleunigerbetriebes gerechnet werden muß, werden durch ODL-Systeme (NM und I) überwacht. An den Ionisationskammer-Meßgeräten sind zwei Schwellen einstellbar. Das Überschreiten der unteren Schwelle kann mit einem ^{137}Cs-γ-Strahler bewußt herbeigeführt werden und dient im Sinne des § 73 StrlSchV als Nachweis für die Funktionsfähigkeit des Gerätes. Am Anzeigegerät (AG) leuchtet bei Nichtüberschreitung eine Warnlampe; außerdem löst dieser Vorgang in der Warte ein optisches und akustisches Signal aus. Ein Überschreiten des obe-

ren Schwellenwertes wird ebenfalls zur Anzeige gebracht. Verriegelnde Maßnahmen sind damit nicht verbunden; sie bleiben den Strahlenschutzbeauftragten vorbehalten.

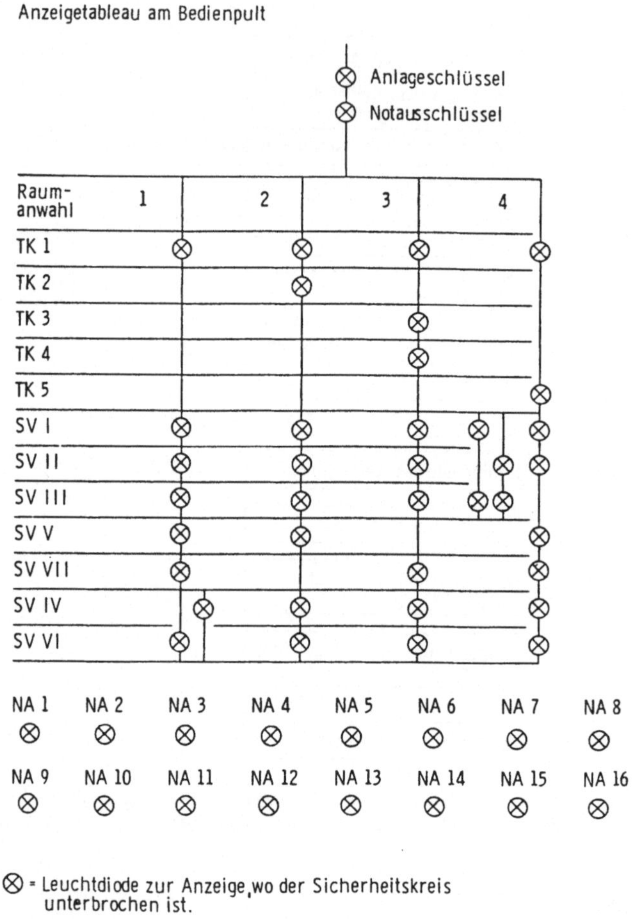

Fig. 7.7: Anzeigetableaus in der Warte des Zyklotrons als Überblick über
den Zustand des Personensicherheitssystems (vgl. auch Fig. 7.4)
TK = Türkontakt, SV = Strahlrohrverschluß, NA = Notausschalter,
Raum 1 = Zyklotronbunker
Raum 2 = Neutronenbestrahlung
Raum 3 = Experimentierbunker
Raum 4 = Radionuklidproduktion

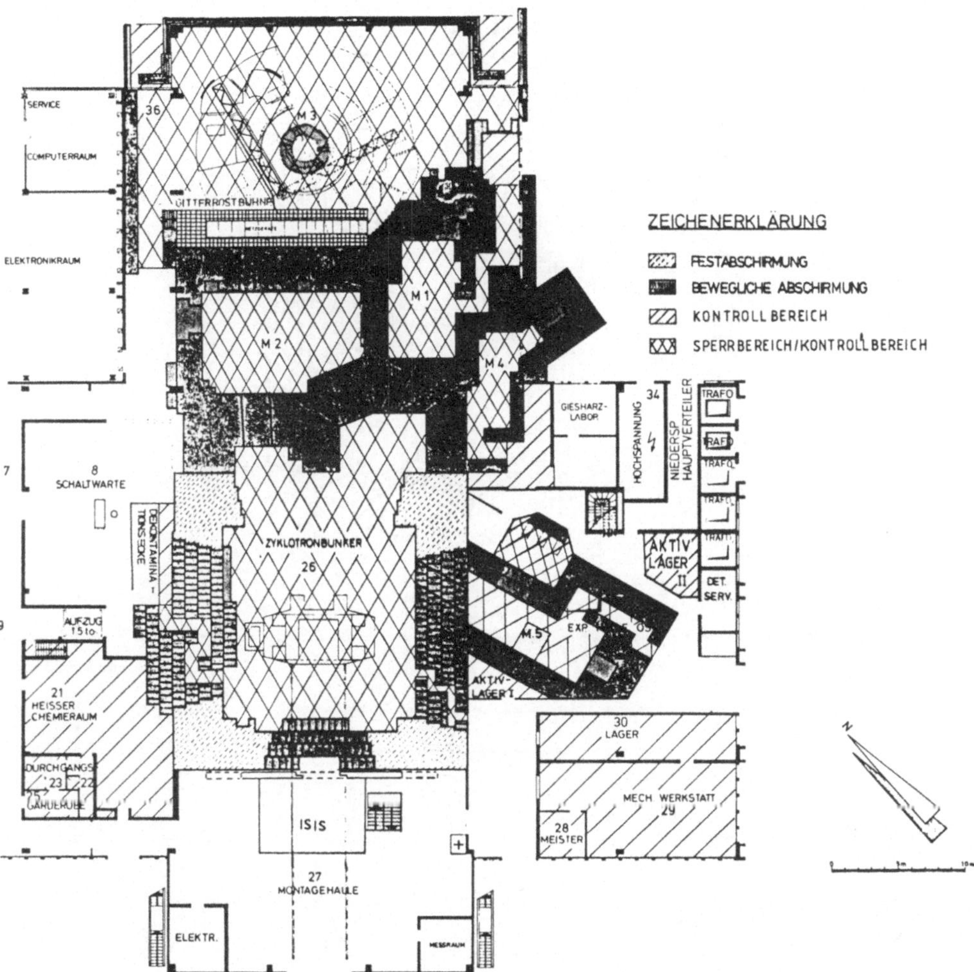

Fig. 7.8a: Abschirmungen am Isochronzyklotron der KFA Jülich /2.27/
Die einzelnen Sperrbereiche sind von außen durch Leuchttransparente (Leuchttableaus, LT) gekennzeichnet, die je nach Betriebszustand die Worte KONTROLL-
BEREICH oder SPERRBEREICH zeigen. An einigen Stellen sind detaillierte Angaben über den Betriebszustand angezeigt (TRA), wie MAGNET (Magneterregung
eingeschaltet), INTERN (zusätzlich Ionenquelle und Hochfrequenz eingeschaltet) und EXTERN (zusätzliche Einrichtungen zur Extraktion des Strahls eingeschaltet).

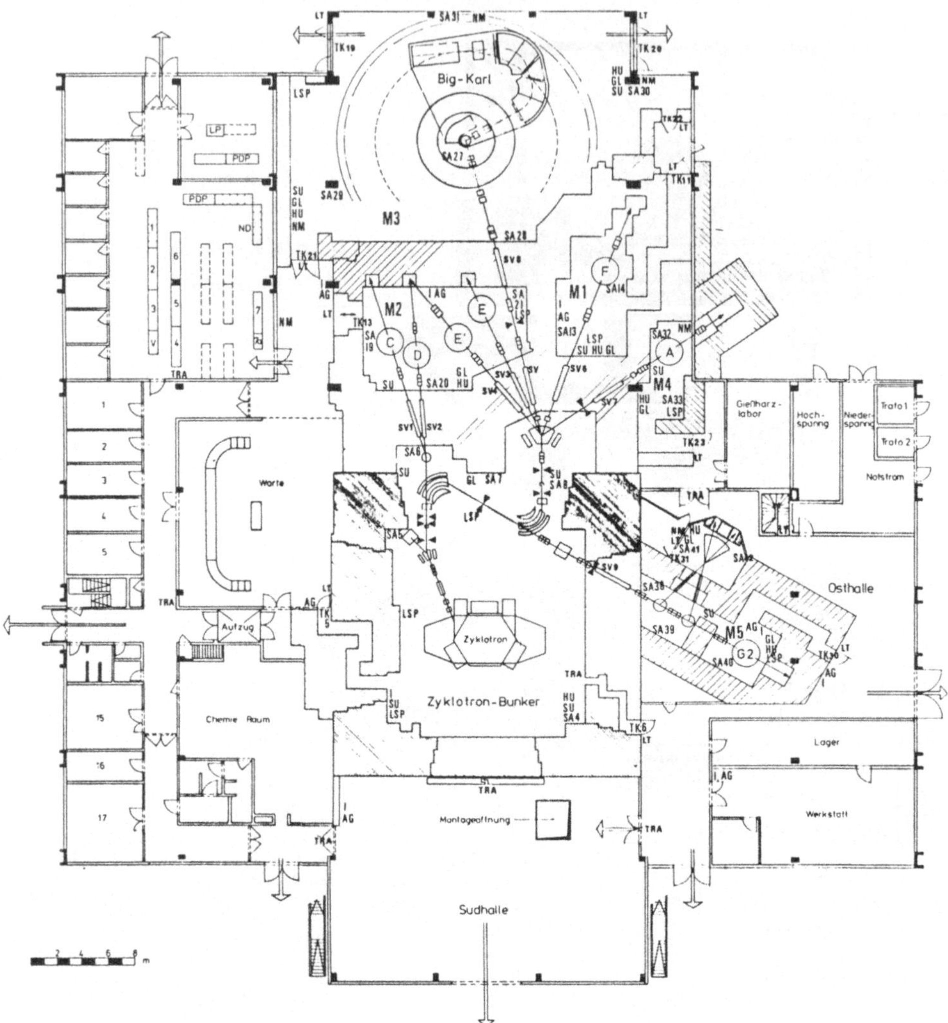

Fig. 7.8b: Personensicherheitssystem am Isochronzyklotron der KFA Jülich
/2.27/. SA = Strahlausschalter, SU = Summer, GL = Glocke, HU =
Hupe, TK = Türkontakt, LSP = Lautsprecher, AG = Anzeigegerät,
I = Ionisationskammer, NM = Neutronenmonitor, TRA = Transparent,
LT = Leuchttransparent, SV = Strahlrohrverschluß

7.3   Neutronengenerator (Fig. 7.9)

Aufgabe:

Die Abschirmdicken für eine Neutronenbestrahlungseinrichtung mit folgenden
Daten sollen bestimmt werden (für kleine Beschleunigungsspannungen (ca.
500 V) werden die Neutronen isotrop freigesetzt):

β = $5 \cdot 10^{11}$ n s^{-1} Neutronenquellstärke

t_w = 2400 min/Woche wöchentliche Einschaltzeit, vgl. Tab. 4.2

W = $\phi \, C_n \, t_w$ = $2,4 \cdot 10^5$ mGy/Woche, vgl. Abschn. 4.5.2

U = 1, vgl. Tab. 4.3

T = 1, vgl. Tab. 4.4

q = 10 mSv·mGy^{-1} Bewertungsfaktor für Neutronen

H_W = 0,1 mSv/Woche, vgl. Tab. 4.1

a_n = 5 m Abstand von der Strahlenquelle

z_n = 96/2,3 cm Zehntelwertdicke für Normalbeton, vgl. Tab. 4.8 (< 15 MeV)

Eingesetzt in Gl. (4.5), ergibt sich mit $K_i = (a_o/a_n)^2$:

$$x_n = z_n \log \frac{WUT(\frac{a_o}{a_n})^2 \, q}{H_W}$$

bzw.

$$x_n = 250 \text{ cm Normalbeton.}$$

Für die Schleuse (Zugang zum Labyrinth) wird die Ortsdosis hauptsächlich durch gestreute Neutronen verursacht. Von der Neutronenflußdichte ϕ am streuenden Flächenelement wird etwa 1/10 in den Halbraum zurückgestreut (α_n = 0,1/2 π, vgl. G. (4.13)). Parameter wie oben, außer

T = 0,1, seltener Aufenthalt für Betriebsangehörige

$$K_g = \frac{U,1 \cdot F_t \cdot a_o^2}{2 \, \pi \cdot a_s^2 \cdot a_t^2} \qquad \text{Reduktionsfaktor, vgl. Gl. (4.13)}$$

a_s = 4 m und a_t = 6 m

F_t = 5 m^2 Streufläche

z_n = 21 cm Zehntelwertdicke für Paraffin, vgl. Tab. 4.8

Eingesetzt in Gl. (4.5):

$$x_g = z_n \log \frac{WUT \cdot 0,1 \cdot F_t \cdot a_o^2}{H_W \cdot 2 \, \pi \cdot a_s^2 \cdot a_t^2} \, ,$$

ergibt eine Abschirmdicke des Tores von

$$x_g = 53 \text{ cm Paraffin.}$$

Wollte man das Tor in Normalbeton ausführen, wäre dafür eine Abschirmdicke von x_g = 105 cm Normalbeton erforderlich.

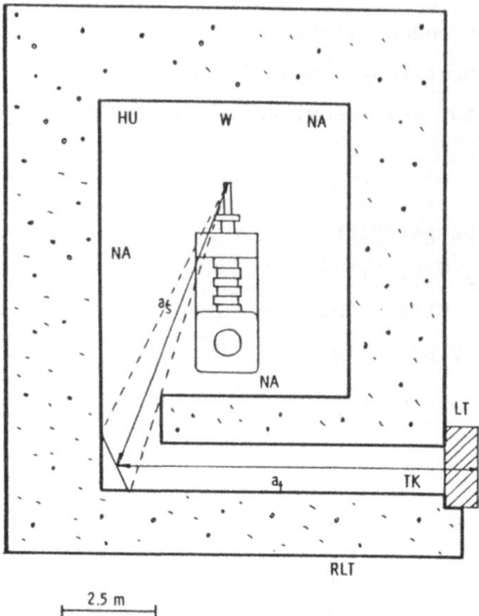

Fig. 7.9: Abschirmungen und Personensicherheitssystem an einem wissenschaft-
lichen Neutronengenerator der KFA Jülich
W = Warnlampe, HU = Hupe, TK = Türkontakt, NA = Notausschalter,
RLT = Anzeige der Raumluftüberwachungsanlage, LT = Leuchttableau,
Abschirmmaterial: Normalbeton und Paraffin (Tor)

7.4   Nichtmedizinische Elektronenbeschleuniger (Fig. 7.10)

7.4.1   Baulicher Strahlenschutz

Aufgabe:

Die Nutzstrahlenabschirmung für einen 4,5 MeV-Linearbeschleuniger für die in-
dustrielle Radiographie soll berechnet werden. Folgende Daten werden zugrundegelegt:

t_w =   120 min/Woche, beispielsweise um einen Faktor 10 reduzierte wöchentliche Einschaltzeit, vgl. Tab. 4.2

W = $4,8 \cdot 10^5$ mGy/Woche Betriebsbelastung für 4000 mGy min^{-1}

U =   0,1 seltene Strahlrichtung

T =   0,3 Verkehrsfläche außerhalb des Betriebsbereiches, kein Daueraufenthalt

UT =   0,1, vgl. Abschn. 4.3.3

a_n =   5 m

$K_r = a_o^2/a_n^2 = 0,04$, vgl. Tab. 4.5

$q = 1$ mSv $\cdot$ mGy^{-1} Bewertungsfaktor für Photonen

$H_W = 0,1$ mSv/Woche

$z_r = 65/2,3$ cm Zehntelwertdicke für Normalbeton, vgl. Tab. 4.6

Eingesetzt in Gl. (4.5):

$$x_r = z_r \ \log \ \frac{WUT \ K_r \ q}{H_W} \ ,$$

errechnet sich eine notwendige Abschirmdicke für Nutzstrahlung von

$$x_r = 121 \text{ cm Normalbeton.}$$

Bei einer Einschaltzeit nach Tab. 4.2 ($t_W = 1200$ min/Woche) erhöht sich die erforderliche Abschirmdicke um eine Zehntelwertdicke (28 cm).

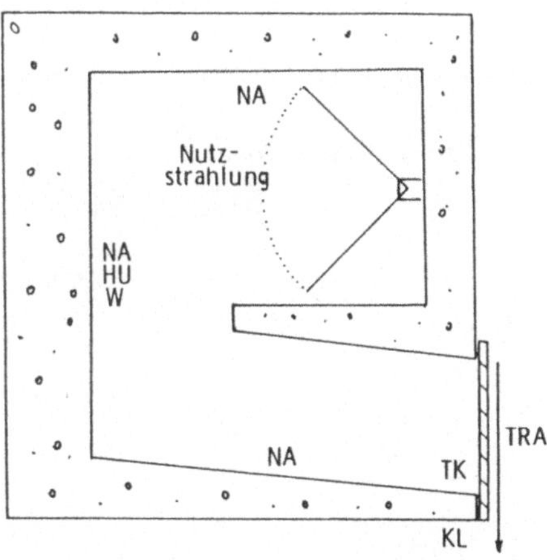

Fig. 7.10:

Abschirmungen und Personensicherheitssystem an einem Elektronenlinearbeschleuniger für Werkstoffprüfung
W = Warnlampe, HU = Hupe, TK = Türkontakt, NA = Notausschalter, KL =
Kontaktleiste, Abschirmmaterial:
Normalbeton

7.4.2   Personensicherheitssystem

Vor Einschalten des Beschleunigers muß ein Warnzyklus mit einem Hupton von
ca. 10 s Dauer gestartet werden. Das ist aber nur dann erforderlich, wenn
ein Türkontakt nach der letzten Verriegelung betätigt wurde und somit eine
Person den Bestrahlungsraum betreten hat. Mit Beginn des Warnzyklus schaltet sich eine Rundumleuchte (W) ein und bei Beendigung der Bestrahlung wieder aus.
Nur bei geschlossener Strahlenschutztür kann der Beschleuniger eingeschaltet werden (TK). Eine Kontaktleiste (KL) an den Türkanten verhindert über
eine Rutschkupplung das Einklemmen von Personen und Gegenständen. Der Warnzyklus kann erst nach Schließen der Tür gestartet werden.

7.5   Aktivierungen

7.5.1   Berechnung der Schwellenenergie und Coulomb-Barriere

Q-Wert, Schwellenenergie und Coulomb-Barriere für die Reaktionen
^{56}Fe(p,^{3}He)^{54}Mn und ^{54}Fe(α,p)^{57}Co.

$$
\begin{aligned}
\text{Mit} \qquad M_{^{56}\text{Fe}} &= 55{,}93494 \text{ amu} \\[4pt]
M_p &= 1{,}00783 \text{ amu} \\[4pt]
M_{^3\text{He}} &= 3{,}01603 \text{ amu} \\[4pt]
M_{^{54}\text{Mn}} &= 53{,}94036 \text{ amu} \\[4pt]
M_{^{54}\text{Fe}} &= 53{,}93961 \text{ amu} \\[4pt]
M_\alpha &= 4{,}00260 \text{ amu} \\[4pt]
M_{^{57}\text{Co}} &= 56{,}93629 \text{ amu} \\[4pt]
Z_p &= 1 \\[4pt]
Z_{^{56}\text{Fe}} = Z_{^{54}\text{Fe}} &= 26 \\[4pt]
Z_\alpha &= 2 \\[4pt]
1 \text{ amu} \cdot c^2 &= 931{,}502 \text{ MeV}
\end{aligned}
$$

ergeben sich aus Gl. (5.3), (5.4) und (5.6) folgende Q-Werte, Schellenener-
gien E_S und Coulomb-Barrieren E_C:

für die Reaktion $^{56}Fe(p,^{3}He)^{54}Mn$: $\qquad$ $Q = -12,69$ MeV

$\qquad E_s = 12,92$ MeV

$\qquad E_c \cong 5,59$ MeV

für die Reaktion $^{54}Fe(\alpha,p)^{57}Co$: $\qquad Q = 1,78$ MeV

$\qquad E_s = 1,91$ MeV

$\qquad E_c \cong 10,62$ MeV

Im ersten Falle liegt die Coulomb-Barriere weit unter der Schwellenenergie.
Sie hat deshalb keinen Einfluß auf die Wirkungsquerschnitte dieser Reaktion.
Im zweiten Fall liegt dagegen die Coulomb-Barriere weit über der Schwellenenergie. Obwohl wegen des Tunneleffektes die Wirkungsquerschnitte unterhalb
der Coulomb-Barriere von 0 verschieden sind, bewirkt diese Barriere doch eine
merkliche Verringerung der Wirkungsquerschnitte im unteren Energiebereich.

7.5.2 Luftaktivierung an einem Ionenbeschleuniger für eine Deuteronen-energie von 60 MeV

Wie in Abschn. 5.5 ausgeführt, wird die Aktivierung der Luft durch Sekundärneutronen und thermische Neutronen bewirkt. In diesem Abschnitt sind ebenfalls die relevanten Aktivierungsreaktionen genannt und die Wirkungsquerschnitte für diese Reaktionen dargestellt. Die Aktivitätskonzentration in
der Luft kann mit Gl. (5.8) berechnet werden, soweit die Aktivität durch Sekundärneutronen erzeugt wird; die Aktivierung durch thermische Neutronen beschreibt Gl. (5.9). Für ein heterogenes Gemisch wie die Luft ist es für die
Rechnung angenehmer, das Produkt $L \cdot h \cdot \frac{\rho}{M}$ in den Gln. (5.8) und (5.9) durch
N, die Anzahl der Atome pro cm^3 für den betrachteten Luftbestandteil, zu ersetzen. Für die Sättigungskonzentration ohne Entlüftung ergeben sich daraus
folgende Gleichungen:

Sekundärneutronen: $\qquad \overline{A}_s = N \cdot \frac{r_o}{V_o} \cdot \int_0^{E_o} \sigma_n(E) \cdot \frac{d\beta_n(E)}{dE} \cdot dE \qquad (7.1)$

Thermische Neutronen: $\qquad \overline{A}_s = N \cdot \phi_{th} \cdot \sigma_{th} \qquad (7.2)$

Für die Berechnung wird ein kugelförmiges Raumvolumen mit einem Radius von
5 m angenommen. Außerdem werden der Berechnung folgende Werte zugrunde gelegt:

$$N(^{16}O) \quad = \quad 1{,}12 \cdot 10^{19} \quad ^{16}O\text{-Atome/cm}^3$$

$$N(^{14}N) \quad = \quad 4{,}17 \cdot 10^{19} \quad ^{14}N\text{-Atome/cm}^3$$

$$N(^{40}Ar) \quad = \quad 2{,}49 \cdot 10^{17} \quad ^{40}Ar\text{-Atome/cm}^3$$

$$\sigma_n(E) \quad : \quad \text{siehe Kurven in Fig. 5.5a}$$

$$\frac{d\beta_n(E)}{dE} \quad : \quad \text{siehe nachfolgende Fig. 7.11. Die Kurve ist aus /5.15/.}$$

$$\sigma_{th} \quad = \quad 0{,}66 \cdot 10^{-24} \text{ cm}^2$$

Man beachte, daß $\dfrac{d\beta_n(E)}{dE}$ nicht identisch ist mit der auf der Ordinate in Fig. 7.11 dargestellten Größe.

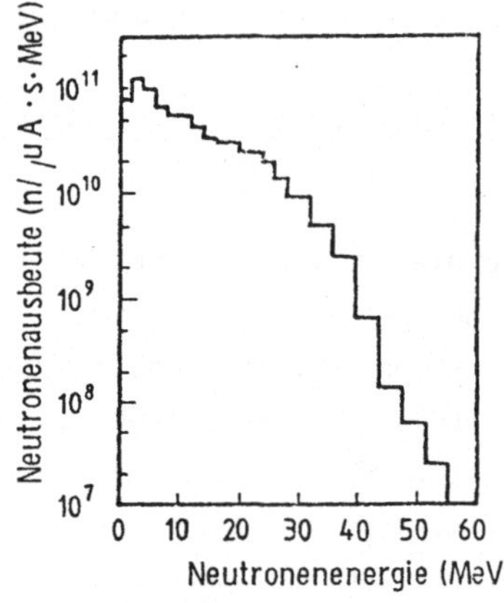

Fig. 7.11:   Winkelintegrierte Energieverteilung der Neutronen von 60 MeV-
Deuteronen auf Beryllium

Wird das Integral $J = \int_0^{E_0} \rho_n(E) \cdot \dfrac{d\beta_n(E)}{dE} \cdot dE$ in Gl. (7.1) durch eine Summe mit angemessen kleinen Energieintervallen ersetzt, so ergeben sich für die relevanten Reaktionen für einen Strom von 1 µA folgende Werte:

$$^{14}N(n,2n)^{13}N: \quad J \quad = \quad 4{,}52 \cdot 10^{-15} \text{ cm}^2/s$$

$$^{16}O(n,p)^{16}N: \quad J \quad = \quad 1{,}41 \cdot 10^{-14} \text{ cm}^2/s$$

$$^{16}O(n,2n)^{15}O: \quad J \quad = \quad 2{,}60 \cdot 10^{-15} \text{ cm}^2/s$$

Mit Gl. (7.1) errechnen sich daraus folgende Sättigungskonzentrationen (60 MeV-Deuteronen, 1 µA):

$$^{13}N: \quad \overline{A}_s \;=\; 0{,}180 \; Bq/cm^3 \; (4{,}86 \cdot 10^{-6} \; \mu Ci/cm^3)$$

$$^{16}N: \quad \overline{A}_s \;=\; 0{,}151 \; Bq/cm^3 \; (4{,}08 \cdot 10^{-6} \; \mu Ci/cm^3)$$

$$^{15}O: \quad \overline{A}_s \;=\; 0{,}028 \; Bq/cm^3 \; (0{,}75 \cdot 10^{-6} \; \mu Ci/cm^3)$$

Die für die Bestimmung der ^{41}Ar-Sättigungskonzentration benötigte thermische
Neutronenflußdichte errechnet sich aus Gl. (5.6). Für 1 μA ergibt sich mit
β_n = 1,47 $\cdot$ 10^{12} n/s (Summation über alle Energieintervalle in Fig. 7.11):

$$\phi_{th} \;=\; 1{,}25 \cdot \frac{1{,}47 \cdot 10^{12}}{4\pi \cdot 500^2} \; n/cm^2 \cdot s$$

$$\phi_{th} \;=\; 5{,}9 \cdot 10^5 \; n/cm^2 \cdot s$$

Daraus ergibt sich folgende Sättigungskonzentration (60 MeV-Deuteronen, 1 μA):

$$^{41}Ar: \quad \overline{A}_s \;=\; 0{,}097 \; Bq/cm^3 \; (2{,}62 \cdot 10^{-6} \; \mu Ci/cm^3)$$

In der Praxis werden wesentlich niedrigere Sättigungsaktivitäten gemessen,
da im allgemeinen die Deuteronen nicht auf Beryllium (ungünstigstes Targetmaterial)auftreffen und ein großer Teil der Neutronen im Strukturmaterial
des Beschleunigers und der Strahlführung absorbiert und moderiert wird.
In welcher Weise sich eine Raumentlüftung auf die Sättigungskonzentration
der einzelnen Radionuklide auswirkt und welche Aktivitätsmengen in diesem
Falle an die Umwelt abgegeben werden, ergibt sich aus Tab. 5.2.

7.5.3 Luftaktivierung an einem 60 MeV-Elektronenbeschleuniger

Die relevanten Aktivierungsreaktionen sind, wie in Abschn. 5.5 beschrieben,
$^{14}N(\gamma,n)^{13}N$ und $^{16}O(\gamma,n)^{15}O$. Entsprechend der Erläuterung in Abschn. 7.5.2
ergibt sich für die durch Bremsstrahlung erzeugte Sättigungskonzentration
ohne Raumentlüftung folgende Gleichung:

$$\overline{A}_s \;=\; N \cdot \frac{r_o}{V_o} \cdot \int_0^{E_o} \sigma_\gamma(E) \cdot \frac{d\beta_\gamma(E)}{dE} \cdot dE$$

Für die Berechnung soll ein kugelförmiger Raum mit einem Radius von 5 m angenommen werden. Außerdem werden folgende Werte zugrunde gelegt:

$$N(^{16}O) \;=\; 1{,}12 \cdot 10^{19} \quad ^{16}O\text{-Atome/cm}^3$$

$$N(^{14}N) \;=\; 4{,}17 \cdot 10^{19} \quad ^{14}N\text{-Atome/cm}^3$$

$\sigma_\gamma(E) \quad :$ siehe Kurven in Fig. 5.5b

$\dfrac{d\beta_\gamma(E)}{dE} \quad :$ siehe nachfolgende Fig. 7.12. Die Kurve ist aus Daten von /5.17/ abgeleitet.

Man beachte, daß $\dfrac{d\beta_\gamma(E)}{dE}$ nicht identisch ist mit der auf der Ordinate in Fig. 7.12 dargestellten Größe.

Das Integral $J = \int_0^{E_0} \sigma_\gamma(E) \cdot \dfrac{d\beta_\gamma(E)}{dE} \cdot dE$ liefert, wenn es durch eine Summe mit angemessen kleinen Energieintervallen ersetzt wird, bei einem Strom von 1 μA (1 μA = 6,24 $\cdot$ 10^{12} Elektronen/s) für die beiden Reaktionen folgende Werte:

$$^{14}N(\gamma,n)^{13}N: \quad J \;=\; 7{,}49 \cdot 10^{-16} \; cm^2/s$$

$$^{16}O(\gamma,n)^{15}O: \quad J \;=\; 1{,}80 \cdot 10^{-15} \; cm^2/s$$

Für einen mittleren Strahlstrom von 1 μA und eine Elektronenenergie von 60 MeV ergeben sich daraus folgende Sättigungskonzentrationen (Targetmaterial: Wolfram):

$$^{13}N: \quad \overline{A}_s \;=\; 0{,}030 \; Bq/cm^3 \;(0{,}81 \cdot 10^{-6} \; μCi/cm^3)$$

$$^{15}O: \quad \overline{A}_s \;=\; 0{,}019 \; Bq/cm^3 \;(0{,}52 \cdot 10^{-6} \; μCi/cm^3)$$

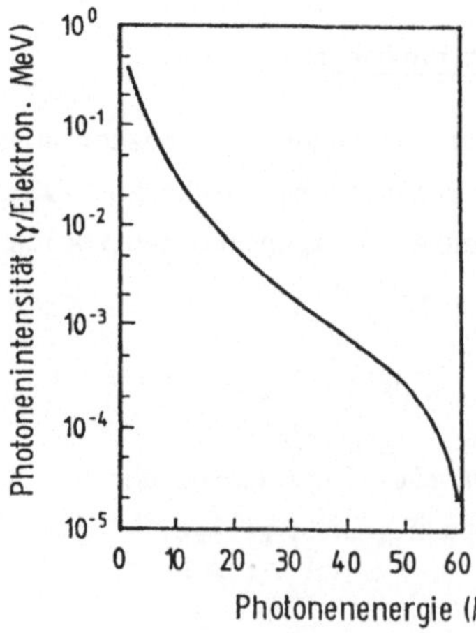

Fig. 7.12:

Winkelintegrierte Energieverteilung der Photonen von 60 MeV-Elektronen auf Wolfram

8. Literatur

8.1 Kapitel 2

/2.1/ Betriebsanleitung zum SL 75/10 der Firma C.H.F. Müller, Unternehmens-
bereich der Philips GmbH

/2.2/ High Voltage Engineering Corp.: Heavy Ion Laboratory at Burlington
(1968)

/2.3/ Schmidt, K.A., H. Dohrmann: Neutronentherapieanlagen im Deutschen
Krebsforschungszentrum Heidelberg, Teil II: Die Hochleistungs-Neu-
tronengeneratorröhre KARIN für 14 MeV-Neutronen, Atomkernenergie 27
(1976) 159

/2.4/ Kleinheins, P.: Niederenergiebeschleuniger, Kerntechnik 12 (1969) 683

/2.5/ Ellinghorst, G., J. Fuehrer, D.O. Hummel: Die Kombination eines 200
keV-Elektronenbeschleunigers mit einem Probentransportsystem für die
Modifizierung von Kunststoffoberflächen, Kerntechnik 2 (1977) 71

/2.6/ Wiesböck, R., E. Proksch: Die Anwendung eines 500 keV-Elektronenbeschleunigers zur kontinuierlichen Bestrahlung von Flüssigkeiten, insbesondere von Abwässern, Kerntechnik 1 (1976) 20

/2.7/ Hofmann, E.G.: Das AEG-Bestrahlungszentrum, Vortrag auf dem 1. International Meeting on Radiation Processing, Dorado Beach, Puerto Rico
(1976)

/2.8/ Leybold-Heraeus GmbH & Co KG: Bestrahlungstechnik für Industrie und
Forschung (1978) Firmendruck

/2.9/ Brand, K.: Intense Low Energy Heavy Ion Beams from a Tandem Dynamitron, Nucl. Instr. & Meth. 184 (1981) 187

/2.10/ Gruhle, W., K. Ewen, M. Roth, H. Stehle: Der Tandem - Van-de-Graaff -
Beschleuniger, Jahresbericht des Instituts für Kernphysik der Universität Köln (1968/69)

/2.11/ Bischof, W., K. Kurz, B. Gonsior: Bestimmung der Elementverteilung
in gesunden und psoriatischen menschlichen Hautproben mit der Proto-
nenmikrosonde durch protoneninduzierte Röntgenfluoreszenz, Jahresbericht des Dynamitron-Tandem-Laboratoriums der Universität Bochum
(1984) 77

/2.12/ Heck, D.: The Karlsruhe Ion Microprobe Setup and its Applications,
Atomkernenergie, Kerntechnik 46.3 (1985) 142

/2.13/ Franke, H.D., A. Heß, E. Magiera, R. Schmidt: The Neutron Therapy
Facility at the Radiotherapy Department of the University Hospital
Hamburg-Eppendorf, Strahlentherapie 154 (1978) 225

/2.14/ Offermann, B.P.: Neutronenbestrahlungsanlagen in der Medizin, Kerntechnik 18 (1976) 297

/2.15/ Haefely & Cie AG: Neutronentherapieanlage, Bedienungsanleitung

/2.16/ Tunzini Sames: Neutron Generators, Techn. Bull. (1971)

/2.17/ Bentz, W.: Erste Erfahrungen mit einem 12 MeV-Linearbeschleuniger,
Rheinstahl-Technik 1 (1966) 3

/2.18/   Atherton, L., A. Calamini: Der Einfluß konstruktiver Merkmale auf die
         medizinisch-physikalischen Parameter bei einem Linearbeschleuniger,
         Röntgenstrahlen 35 (1976) 31

/2.19/   Werksphoto der Firma Siemens, EMed, RVSL4, F75842

/2.20/   Alvarez, L.W.,et al.: Berkeley Proton Linear Accelerator, R.S.I. 26,
         No. 2 (Linear Accelerator Issue) (1955) 111

/2.21/   Cockroft, J.D., E.T.S. Walton: Experiments with High Velocity Positive
         Ions, I: Further Developments in the Method of obtaining High Velo-
         city Positive Ions, Proc. Roy. Soc. 136 (1932) 619

/2.22/   Müller, R.W.: Hochfrequenz-Quadrupol-Beschleunigerstrukturen, Atom-
         kernenergie, Kerntechnik 46.3 (1985) 142

/2.23/   Pelzer, W., K. Ziegler: Zur Zeitstruktur des Schwerionenstrahls der
         Beschleunigeranlage VICKSI, Atomkernenergie, Kerntechnik 46.3 (1985)
         147

/2.24/   Trinks, U., G. Hinderer: Das TRITON, ein supraleitendes Zyklotron
         mit separierten Bahnen, Atomkernenergie, Kerntechnik 46.3 (1985) 155

/2.25/   Schryber, U., Th. Stammbach: Ausbau der Beschleunigeranlage des
         Schweizerischen Instituts für Nuklearforschung (SIN),Atomkernenergie,
         Kerntechnik 46.3 (1985) 160

/2.26/   Rassow, J.: Planning of a Cyclotron Facility within a Radiological
         Centre, Planning of Radiological Departments, Int. Symp. Dipoli,
         Otaniemi (Finnland) (1972) Thieme-Verlag, Stuttgart

/2.27/   Mayer-Boricke, C., J. Reich: JULIC, Großes Isochronzyklotron am
         Institut für Kernphysik, "KFA intern" der Kernforschungsanlage Jülich
         1 (1977) 1

/2.28/   Hemmerich, J., R. Hölzle, W. Kogler: Das Jülicher Kompaktzyklotron
         - eine vielseitig einsetzbare Bestrahlungsanlage, Kerntechnik 2 (1977)
         67

/2.29/   Althoff, K.H.,et al.: The 2,5 GeV-Electron Synchrotron of the Univer-
         sity of Bonn, Nucl. Instr. & Meth. 61 (1968) 1

/2.30/   Svensson,et al.: A 22 MeV Microtron for Radiation Therapy, Acta
         Radiol. Ther. Phys. Biol. 16 (1977) 145

Weitere allgemeine Literaturangaben zur Beschleunigertechnik:

/2.31/   Kollath, R.: Teilchenbeschleuniger, Vieweg-Verlag, Braunschweig (1962)

/2.32/   Boussard, D.: Die Teilchenbeschleuniger, DVA, Stuttgart (1975)

/2.33/   Clausnitzer, G.,et al.: Partikel-Beschleuniger, Thiemig-Verlag,
         München (1967)

/2.34/   Daniel, H.: Beschleuniger, Teubner-Verlag, Stuttgart (1974)

/2.35/   Schiegl, W.E.: Mevatron 60 - das neue Konzept, Electromedica 3
         (1979) 124

/2.36/   Kuttig, H., G. Möller, R. Schröder-Bado: Untersuchungen über die
         optimalen Energiewerte von Linearbeschleunigern für die Strahlen-
         therapie, Electromedica 1 (1982) 28

/2.37/   Haas, W., V. Stieber, L. Taumann: Strahlentherapie heute: Das Meva-
         tron 20, ein kompakter Hochleistungsbeschleuniger, Electromedica 3-4
         (1977) 101

8.2   Kapitel 3

/3.1/   Verordnung über den Schutz vor Schäden durch ionisierende Strahlen
(Strahlenschutzverordnung), BGBl. I, S. 2905 (1976)

/3.2/   Gesetz über die friedliche Verwendung der Kernenergie und den Schutz
gegen ihre Gefahren (Atomgesetz), BGBl. I, S.1565 (1985)

/3.3/   2. Verordnung zur Änderung der Strahlenschutzverordnung (in Arbeit)

/3.4/   Verordnung über den Schutz vor Schäden durch Röntgenstrahlen (Röntgenverordnung), BGBl. I, S. 173 (1973)

/3.5/   Bek. des BMI: Merkposten zu Antragsunterlagen in den Genehmigungsverfahren für Anlagen zur Erzeugung ionisierender Strahlen, GMBl. Nr. 4
(1978) 51

/3.6/   Richtlinie über die Fachkunde im Strahlenschutz, GMBl. Nr. 29 (1982)
592

/3.7/   Richtlinie Strahlenschutz in der Medizin, GMBl. Nr. 31 (1979) 637

/3.8/   Richtlinie zu § 45 StrlSchV: Allgemeine Berechnungsgrundlagen für die
Strahlenexposition bei radioaktiven Ableitungen mit der Abluft oder
in Oberflächengewässer, GMBl. Nr. 21 (1979) 371

/3.9/   DIN 6847, Teil 1 und 2: Med. Elektronenbeschleuniger-Anlagen, Strah-
lenschutzregeln für die Herstellung und für die Errichtung, Beuth-
Verlag, Berlin, Köln (1977)

/3.10/   Richtlinie zu § 63 StrlSchV: Berechnungsgrundlage für die Ermittlung
der Körperdosis bei innerer Strahlenexposition, GMBl. Nr. 23 (1981)
321

/3.11/   Richtlinie für die physikalische Strahlenschutzkontrolle, GMBl. Nr. 22
(1978) 348

/3.12/   Bek. d. Ministers für Arbeit, Gesundheit und Soziales des Landes NW:
Liste der nach StrlSchV und RöV im Land NW ermächtigten Ärzte, MBl.
NW (1981) 555

/3.13/   Gesetz über das Meß- und Eichwesen (Eichgesetz), BGBl. I, S. 759,(1969):
1. Gesetz zur Änderung des Eichgesetzes BGBl. I, S. 1945 (1974),
2. Gesetz zur Änderung des Eichgesetzes BGBl. I, S. 141 (1976),
3. Verordnung über die Eichpflicht von Meßgeräten, BGBl. I, S. 1139
(1978),
Verordnung zur Änderung der 2. und 3. Verordnung über die Eichpflicht von Meßgeräten, BGBl. I, S. 2347 (1979),
Verordnung über die Gültigkeitsdauer der Eichung (Eichgültigkeits-
verordnung), BGBl. I, S. 802 (1970),
Neufassung der Eichgültigkeitsverordnung, BGBl. I, S. 2082 (1976),
4. Verordnung zur Änderung der Eichgültigkeitsverordnung, BGBl. I,
S. 707 (1983),
Verordnung zur Änderung eichrechtlicher Vorschriften, BGBl. I,
S. 2218 (1979),
Verordnung über die Zuständigkeiten im Meß- und Eichwesen (Eich-
Zuständigkeitsverordnung) GV NW, S. 58 (1976),
1. Verordnung zur Änderung der Eich-Zuständigkeitsverordnung, GV
NW, S. 655 (1979),
Eichverordnung, BGBl. I, S. 233 (1975),
5. Verordnung zur Änderung der Eichordnung, BGBl. I, S. 1750 (1982)
ODL-Systeme,

Anlage 23 zur Eichordnung: Strahlenschutzdosimeter, Abschn. 1:
   Ortsfeste Strahlenschutz-Meßsysteme, PTB-Mitt. 91 (1981) 452;
Böhm, J., W. Kolb, G. Volte, E. Seiler: Einführung der Eichpflicht
für ortsfeste Strahlenschutz-Meßsysteme, PTB-Bericht Dos-5 (1981)
Reich, H., B.A. Engelke: Zur Einführung der Eichpflicht für Dosimeter
PTB-Mitt. 5 (1975) 376

/3.14/   Gesetz über Einheiten im Meßwesen (Einheitengesetz) BGBl. I, S. 709
         (1969),
         Gesetze zur Änderung des Einheitengesetzes, BGBl. I, S. 720 (1973) und
         BGBl. I, S. 469 (1974);
         Ausführungsverordnung zum Einheitengesetz, BGBl. I, S. 981 (1970);
         1. Verordnung zur Änderung der o.g. Ausführungsverordnung, BGBl. I,
         S. 1761 (1973);
         2. Verordnung zur Änderung der o.g. Ausführungsverordnung, BGBl. I,
         S. 2537 (1977);
         3. Verordnung zur Änderung der o.g. Ausführungsverordnung, BGBl. I,
         S. 422 (1981);
         Berichtigung der 3. Verordnung zur Änderung der o.g. Ausführungsver-
         ordnung, BGBl. I, S. 661 (1980);
         Richtlinie des Rates der EG: über Einheiten im Meßwesen, Amtsbl. der
         EG 76/770/EWG (1976);
         Harder, D., J. Rassow: Die neuen SI-Einheiten im Strahlenschutz, Atom-
         wirtschaft 1 (1978) 36;
         Taubert, R., S. Wagner: Einheiten der in der Dosimetrie und im Strah-
         lenschutz verwendeten physikalischen Größen, PTB-Mitt. 86 (1976) 102;
         Harder, D.: Einheit Sievert (Sv) gesetzlich gültig, Atomwirtschaft 11
         (1981) 627;
         Editors Page: International System of Units, Health Physics 48 (1985)
         1

/3.15/   Rahmenrichtlinie zu Überprüfungen nach § 76 StrlSchV, GMBl. Nr. 2
         (1981) 26

/3.16/   Bischof, W.: Röntgenverordnung, Nomos-Verlag (1977) 65 (die Sachver-
         ständigen nach RöV sind im wesentlichen identisch mit denjenigen nach
         StrlSchV)

/3.17/   Kaul, A., J. Rassow: Verantwortlichkeit, Status und Rolle des Medi-
         zin-Physikers in der Bundesrepublik Deutschland, Strahlentherapie 157
         (1981) 66

/3.18/   Eipper, H.H., K. Ewen: Erfahrung bei der Überprüfung von medizinischen
         Beschleunigeranlagen durch die Gewerbeaufsicht im Land Nordrhein-West-
         falen, Strahlentherapie 156 (1980) 353

/3.19/   Nelson, W.R.: Primary and Leakage Radiation Calculations at 6, 10 and
         25 MeV, Health Physics 47.6 (1984) 811

/3.20/   DIN 6814, Teil 3: Begriffe und Benennungen in der radiologischen Tech-
         nik, Dosisgrößen und Dosiseinheiten, Beuth-Verlag, Berlin, Köln
         Entwurf (1983)

/3.21/   Harder, D.: Einführungsbeitrag zur Neufassung der Norm DIN 6814, Teil
         3 "Dosisgrößen und Dosiseinheiten", Strahlentherapie 161 (1985) 113

8.3   Kapitel 4

/4.1/   Jaeger, T.: Grundzüge der Strahlenschutztechnik, Springer-Verlag
         Berlin (1960)

/4.2/   DIN 6847, Teil 2: Medizinische Elektronenbeschleuniger-Anlagen, Strah-
         lenschutzregeln für die Errichtung, Beuth-Verlag, Berlin, Köln (1977)

/4.3/   ICRP-Publication 21, Supplm. to ICRP-Publication 15: Data for Protec-
         tion against Ionizing Radiation from External Sources, Pergamon
         Press, London (1971)

/4.4/   Swanson, W.P.: Radiological Safety Aspects of the Operation of Elec-
         tron Linear Accelerators, Technical Reports Series No. 188, IAEA, Wien
         (1979)

/4.4a/   NCRP Report No. 51: Radiation Protection Design Guidelines for 0,1 to
         100 MeV Particle Accelerator Facilities, National Council on Radiation
         Protection and Measurements, Washington (1977)

/4.5/   ICRP-Publication No. 22: Implications of Commissions Recommendations
         that Doses be kept as Low as Readily Achievable, Pergamon Press,
         London (1973)

/4.6/   Patterson, H.W., R.H. Thomas: Accelerator Health Physics, Academic
         Press, New York (1973)

/4.7/   Jaeger, R.G., Ed.: Engineering Compendium on Radiation Shielding,
         Springer-Verlag, Berlin (1970)

/4.8/   DIN 6814, Teil 2: Begriffe und Benennungen in der radiologischen Tech-
         nik, Strahlenphysik, Beuth-Verlag, Berlin, Köln (1980)

/4.9/   Nunmark, N.J., K.R. Kase: Radiation Transmission and Scattering for a
         Medical Linac Producing X-Rays of 6 and 15 MeV: Comparison of Calcu-
         lations with Measurements, Health Physics 48.3 (1985) 289

/4.10/   Tesch, K.: Data for Simple Estimates of Shielding against Neutrons at
         Electron Accelerators,Particle Accelerators Vol. 9 (1979) 201

/4.11/   Bathow, G., E. Freytag, K. Tesch: Shielding of High-energy Electrons:
         The Neutron and Moun Components, Nucl. Instr. & Meth. 51 (1967) 56

/4.12/   Weise, H.P.: Strahlenschutz an Beschleunigeranlagen, Strahlenfelder
         Abschirmung und Aktivierung, Amts und Mitteilungsblatt der Bundesan-
         stalt für Materialprüfung 13, Nr. 3 (1983) 373

/4.13/   Kersey, R.W., B. Gosau: Abschätzung der Dosisleistung in Eingangs-
         schleusen von Bestrahlungsräumen, Röntgenstrahlen 44 (1980) 52

/4.14/   Sauermann, P.F.: Abschirmung der schnellen Neutronen von Neutronenge-
         neratoren, Berichte der Kernforschungsanlage Jülich, Jül - 794 - PC
         (1971)

/4.15/   Sauermann, P.F.: Abschirmung der schnellen Neutronen von Zyklotrons
         für die medizinisch-biologische Forschung, Berichte der Kernforschungs-
         anlage Jülich, Jül - 751 - PC (1971)

/4.16/   Sauermann, P.F.,et al.: Shielding of fast Neutrons from Cyclotron
         Targets, 4th Int. Congress of the IRPA, Paris (1977)

/4.17/   DIN 25413: Klassifikation von Abschirmbetonen nach Elementanteilen
         Beuth-Verlag, Berlin, Köln (1982)

/4.18/   = /5.16/

/4.19/   DIN 25407, Bl. 2: Abschirmwände gegen ionisierende Strahlung, spezielle
         Bauelemente, Beuth-Verlag, Berlin, Köln (1974)

/4.20/   Recommendation for Data on Shielding from Ionizing Radiation, Part 2:
        Shielding from X-radiation, British Standard 4094, British Standards
        Institution (1971)

8.4   Kapitel 5

/5.1/   Keller, K.A., J. Lange, H. Münzel, G. Pfennig: Landolt-Börnstein, Neue
         Serie Gruppe I, Band 5, Teil C, Springer Verlag, Berlin (1973)

/5.2/   Keller, K.A., J. Lange, H. Münzel, G. Pfennig: Landolt-Börnstein, Neue
         Serie Gruppe I, Band 5, Teil B, Springer Verlag, Berlin (1973)

/5.3/   Garber, D.I., R.R. Kinsey: Neutron Cross Sections, Volume II, Curves,
         BNL 325 (1976)

/5.4/   Bülow, B., B. Forkman: Photonuclear Cross Section. In: Handbook on
         Nuclear Activation Cross Section, Vienna (1974)

/5.5/   Probst, H.J., S.M. Qaim, R. Einreich: Excitation Functions of High-
         Energy α-Particle Induced Nuclear Reactions on Aluminium and Magnesium:
         Production of ^{28}Mg, Int. J. appl. Radiat. Isotopes 27 (1976) 431

/5.6/   Weinreich, R., H.J. Probst, S.M. Qaim: Production of Chromium-48 for
         Applications in Life Sciences, Int. J. appl. Radiat. Isotopes 31 (1980)
         223

/5.7/   Anderson, H.H., J.F. Ziegler: Hydrogen-Stopping Powers and Ranges in
         All Elements, Pergamon Press (1977)

/5.8/   Ziegler, J.F.: Helium-Stopping Powers and Ranges in All Elements, Per-
         gamon Press (1977)

/5.9/   Ziegler, J.F.: Handbook of Stopping Cross-Sections for Energetic Ions
         in All Elements, Pergamon Press (1980)

/5.10/   Littmark, U., J.F. Ziegler: Handbook of Range Distributions for Ener-
         getic Ions in All Elements, Pergamon Press (1980)

/5.11/   Janni, J.F.: Calculations of Energy Loss, Range, Pathlength, Stragg-
         ling, Multiple Scattering, and the Probability of Inelastic Nuclear
         Collisions for 0.1- to 1000 MeV Protons, Air Force Weapons Laboratory,
         Kirtland Air Force Base, New Mexico, Technical Report Nr. AFWL-TR-65-
         150

/5.12/   Williamson, C.F., J.-P. Boujot, J. Picard: Tables of Range and Stop-
         ping Power of Chemical Elements for Charged Particles of Energy 0.05
         to 500 MeV, CEA-R-3042 (1966)

/5.13/   Pages, L., E. Bertel, H. Joffre, L. Sklavenitis: Energy Loss, Range,
         and Bremsstrahlung Yield for 10 keV to 100 MeV Electrons in Various
         Elements and Chemical Compounds, Atomic Data 4, 1 (1972)

/5.14/   Qaim, S.M.: Nuclear Data Relevant to Cyclotron Produced Short-Lived
         Medical Radioisotopes, Radiochimica Acta 30 (1982) 147

/5.15/   Moyer, B.J.: Some Observations on Cyclotron Shielding, in: Proc. of
         an Informal Conference on Sector-Focused Cyclotrons, Sea Island,
         Febr. 1959

/5.16/   Fasso, A.,et al.: Soil and Water Activation, in: The Radiological Im-
         port of the LEP Project on the Environment (Editor: K. Göbel), CERN
         81-01 (1981)

/5.17/   Berger, M.J., M.S. Seltzer: Bremsstrahlung and Photoneutrons from
          Thick Tungsten and Tantalum Targets, Phys. Rev. C2, 2 (1970) 621

8.5   Kapitel 6

/6.1/   DIN 25430: Sicherheitskennzeichnung im Strahlenschutz , Beuth-Ver-
          lag, Berlin, Köln (1978)

/6.2/   VDE 0113, DIN 57113: VDE-Bestimmungen für die elektrische Ausrüstung
          von Bearbeitungs- und Verarbeitungsmaschinen mit Nennspannungen bis
          1000 V, Notaus und Grenztaster, Beuth Verlag, Berlin, Köln (1973)

/6.3/   VDE 0113a und VDE 0113 A2, Änderungen zur VDE 0113/DIN 57113 (1978
          und 1981), ferner Entwurf VDE 0113/DIN 57113 (1980), Beuth Verlag,
          Berlin, Köln

/6.4/   Rudolph, W.: Sicherheitskonzept für einen SAMES-Neutronengenerator,
          Sicherheitsanalyse der Firma NUKEM (1979)

/6.5/   Oberhofer, M., A. Scharmann: Applied Thermoluminescence Dosimetry,
          A. Hilger Ltd. Bristol (1979)

/6.6/   Becker, K., A. Scharmann: Einführung in die Festkörperdosimetrie,
          Thiemig-Verlag, München (1975)

/6.7/   DIN 6800, Teil 5: Dosismeßverfahren in der radiol. Technik, Thermo-
          lumineszenzdosimetrie, Beuth-Verlag, Berlin, Köln (1980)

/6.8/   Burgkhardt, B., E. Piesch: Albedo-Neutronendosimetrie, KfK-Nach-
          richten 1 (1978) 40

/6.9/   Ewen, K., V. Sprengel: Die Messung der Neutronenstörstrahlung in den
          Strahlenfeldern medizinischer Elektronenbeschleuniger, Strahlenthera-
          pie 157 (1981) 730

/6.10/   Heinzelmann, M., H. Schüren, M. Keller: Dosemeter for determining
          skin dose,Radiation Protection Dosimetry 2 (1982) 115

/6.11/   Technische Regeln für gefährliche Arbeitsstoffe (TRgA 900): B Arb Bl.
          10 (1984) 58

/6.12/   Swanson, P.: Radiological safety aspects of the operation of electron
          linear accelerators, Technical Reports Series No. 188 (IAEA, Wien,
          1979) 152

/6.13/   Holloway, A.F., D.V. Cormack: Radioactive and toxic gas production
          by a medical electron linear accelerator, Health Physics 4 (1980) 673

/6.14/   DIN 1946, Teil 4: Raumlufttechnische Anlagen in Krankenhäusern, Beuth-
          Verlag, Berlin, Köln (1978)

/6.15/   Nemec, H.W., J. Roth: Über die Neutronendosis an einem 8 MeV Linear-
          beschleuniger und einem 18 MeV Betatron, Röntgenpraxis 31 (1978) 70

/6.16/   Kaulich, I., W. Seeger: Kernprozesse beim Betrieb von Linearbeschleu-
          nigern, Strahlentherapie 157 (1981) 106

/6.17/   Jensen, J.M.: Untersuchungen zur Gewebeaktivierung durch Bremsstrah-
          lung aus medizinisch genutzten Beschleunigern, Strahlentherapie 159
          (1983) 555

/6.18/   Gremmel, H., E. Ihnen, J.M. Jensen: Messung und Berechnung der Luft-
          aktivierung durch die 15-MeV-Bremsstrahlung eines Linearbeschleuni-
          gers, Strahlentherapie 157 (1981) 187

/6.19/   Jensen, J.M.: Messung der Luftaktivierung beim Betrieb medizinisch
          genutzter Beschleuniger, Strahlentherapie 158 (1982) 427

/6.20/   Weise, U.P.: Strahlenschutz an Beschleunigeranlagen, Strahlenfelder,
          Abschirmung und Aktivierung, Amts- und Mitteilungsblatt der Bundes-
          anstalt für Materialprüfung 13 (1983) 373

/6.21/   Lane, R.G., B.R. Paliwal, D.D. Tolbert: Leakage Radiation Characte-
          ristics of an 18 MeV Linear Accelerator, Health Physics 35 (1978) 485

/6.22/   Franke, H.D., A. Heß, E. Magiera, R. Schmidt: The Neutron Therapy
          Facility (DT, 14 MeV) at the Radiotherapy Department of the Univer-
          sity Hospital Hamburg-Eppendorf, Strahlentherapie 154 (1978) 225

/6.23/   Offermann, B.P., M.R. Cleland: AEG/RDI Neutron Therapy Unit. Int. J.
          Radiation Oncology Biol. Phys. 1977, Vo. 3, 377, Pergamon Press USA

/6.24/   Offermann, B.P.: Neutronenbestrahlungsanlagen in der Medizin, Kern-
          technik 18 (1976) 297

/6.25/   Sack, H., H.K. Leetz: Bestrahlungsplanung in: Scherer, E., Strahlen-
          therapie 1980, 161 Springer Verlag, Berlin, Heidelberg, New York

/6.26/   Goitein, M.: Computed Tomography in Planning Radiation Therapy, Int.
          J. Radiation Oncology Biol. Physics 1979, 445

/6.27/   Zeitler, E.: Kernspintomographie, Deutscher Ärzteverlag, Köln (1984)
          175

/6.28/   Thiel, H.J.: Qualitätssicherung im Rahmen eindeutig definierter
          Strahlenbehandlung, Medizinische Physik 1984, Herausg. Schmidt, Th.,
          Städtisches Klinikum Nürnberg

/6.29/   Beal, A.D.: A new Method of Immobilization of Patients for Radiothe-
          rapy, Brit. J. Radiol. 50 (1977) 435

/6.30/   Rassow, J.: Physikalisch-methodische Grundlagen der Strahlentherapie,
          in: Scherer, E., Strahlentherapie 1980, Springer Verlag, Berlin,
          Heidelberg, New York

/6.31/   Haas, W., V. Stieber, L. Taumann: Strahlentherapie heute: Das Meva-
          tron 20, ein kompakter Hochleistungsbeschleuniger, Electromedica 3-4
          (1977) 101

/6.32/   Vericord, das automatische Kontroll- und Protokolliersystem, Fa.
          Philips C.H.F. Müller, Betriebsanleitung

Register

Abschirmmaterial 74

äquivalente Dicke 76, 77

Aktivierungsflußdichte 80

Aktivierungsgleichung 78

Aktivität 52, 78

Albedo 71

Anregungsfunktion 80

Atomgesetz 39

Aufbaueffekt 59

Aufenthaltsfaktor 57

Ausgleichskörper 30, 110

barn 79

Barytbeton 62, 63, 65, 75

Becquerel 52, 78

Bedienungseinrichtung 108

Bestrahlungsliste 123

Bestrahlungsplanung 113, 119

Bestrahlungsplanungsrechner 117, 118, 119

Betatron 31, 111

Betriebsbelastung 55

Bewertungsfaktor 61, 64

Bildungsquerschnitt 83

Bodenaktivierung 92

Bremsvermögen, lineares 79, 83

Coulomb-Schwelle 82

Curie 52

Drucktankbeschleuniger 16

Duoplasmatron 14

Durchlaßstrahlung 61

Dynamitronbeschleuniger 21

Eichgesetz 48

Einstell- und Protokolliersystem 123

Elektronenquelle 12

Elektronenvolt 12

Fachkunde im Strahlenschutz 41, 43, 44

Feldhomogenität 30, 117, 122

Filter 30, 110

Flächengewicht 59

Flatness (s. Feldhomogenität)

Fluenz 63

Flußdichte 64, 79

Fremdstrahlungskontamination 110, 112

Genehmigungsverfahren 42

Gewebeaktivierung 111

Glühkathode 12

Gray 52

Halbwertsdicke 58, 59

Halbwertszeit 78

Ionenquelle 13

Isochronzyklotron 33

Isodosenplan 119

Isolierkerntransformator 19

Isozentrum 120

Kaskadenbeschleuniger 19

Kennzeichnung 100

Kerma 52

Kernspintomographie 116

Kollimator 112

Kontaktleiste 101

Konversionsfaktor 64

Labyrinth 68

Lagerungshilfe 120, 121

Leuchttableaus 100

Linearbeschleuniger 26, 111

Lokalisation 113

Luftaktivierung 92, 106, 108, 111, 113

Luftwechselzahl 67, 106, 107, 112, 113

Massenschwächungskoeffizient 59

Materialdurchführung 72, 74

Mehrfelderbestrahlungstechnik 120

Mikrotron 37
Monitor 104
Monitorsystem 30, 117, 122
Neutronenabschirmung 74, 77
Neutronengenerator 15, 24, 112
Normalbeton 62, 63, 65, 75
Notaus-Schalter 102
ODL-System 49, 50, 101, 104
Ortsdosimeter 49, 50
Ozonkonzentration 107, 111
Patientenlagerungstisch 113, 121
Penningquelle 14
Personendosimeter 49, 50, 105
Photonen-Äquivalentdosis 52
Primärstrahlung 61, 85, 86
Prüfstrahler 104, 106
Quellstärke 63, 79
Q-Wert 82
radioaktiver Stoff 78
Radionuklid 78
Radionuklidproduktion 87
Raumentlüftung 94
Reduktionsfaktor 60, 71
Reichweite 83, 84
Rem 52
Richtstrahlwert 13
Richtungsfaktor 56
Risikoorgan 110, 120
RLT-Anlage 106, 108
Röntgen 52
Röntgencomputertomographie 116
Röntgenverordnung 40
Rotationsbestrahlung 120
Sachverständigenprüfung 47
Sättigungsaktivität 79, 80, 86
Satellitentechnik 120
Schlagtaster 102

Schleuse 68
Schrägrohrmanometer 112
Schwächungsgesetz 58
Schwellenenergie 63, 82
Sekundärstrahlung 61, 85, 86
SI-Einheiten 52
Sievert 52
Simulator 114, 120
Skyshine-Effekt 67
Störstrahler 40
Stehwelle 26, 28
Stopfentor 70
stopping power 79, 83, 84
Strahlenpaß 41, 47
Strahlenschutzbeauftragte 41, 43, 44
Strahlenschutzdosimeter 48, 105
Strahlenschutztor 74
Strahlenschutzverantwortlicher 41, 44
Strahlenschutzverordnung 39, 41
Strahlrohrverschluß (s. Strahlstopp)
Strahlstopp 101, 103
Strahlstrom 15, 19, 34, 79, 84
Streufolie 28
Synchrotron 34
Synchrozyklotron 31
Tandembeschleuniger 16, 23
Target 11, 12
Therapiedosimeter 49
Therapiesimulator (s. Simulator)
Thermolumineszenzdosimeter 105, 117
Tiefendosis 117, 118
Transformatorbeschleuniger 19
Tritiumüberwachung 105, 107, 113
Türkontakt 100, 102
Tunneleffekt 82
Ultraschalltomographie 116
Van-de-Graaff-Beschleuniger 17

Wanderwelle 26

Warnlampe 102

Warnzyklus 102

Wasseraktivierung 97

Werkstoffprüfung 27, 99

Wirkungsquerschnitt 79, 80

Wirkungsquerschnitt, effektiver 83

Zehntelwertdicke 58, 59

Zerfallskonstante 79

Zielvolumen 114

Zuschlagstoff 74

Zyklotron 31, 112